覆膜滴灌下设施土壤与
作物生长调控

王京伟　著

中国农业出版社

北　京

前　言

　　设施农业是现代农业生产的重要组成，其健康发展关系着百姓"菜篮子"稳定，影响乡村产业兴旺、全面振兴。近年来，设施农业正面临着日益严峻的土壤质量下降问题，严重影响设施农业可持续生产力。设施土壤、作物根系、微生物及酶组成一个复杂的系统，其相互作用共同决定了土壤与地面植株之间物质交换和能量流动，最终影响作物的生长发育与产量。在一定的气候、土壤基质条件下，特别是在干旱、半干旱缺水地区的设施作物种植中，覆膜滴灌模式对设施土壤环境变化具有不可忽视的影响，本书以设施甜瓜和番茄根区土壤为对象，监测土壤环境对不同的覆膜滴灌布设措施（覆膜方式、滴灌毛管密度、灌水下限）和滴灌供水方式（地表滴灌、地下滴灌、交替滴灌）的响应，分析了土壤环境变化对土壤氮磷等养分活化和吸收、作物生长及光合产物分配、产量和品质、土壤温室气体排放等的影响，探讨覆膜滴灌影响作物产量和品质的土壤内在机理，为改善设施土壤环境和合理配置灌溉技术与管理模式提供参考。

　　本书是笔者在西北农林科技大学博士在读期间及毕业工作后研究成果的阶段性总结。博士期间畅学于杨凌，完成人生中特别有意义的研究工作，沐浴神农遗风，三生有幸！感恩西北农林科技大学水土保持研究所、旱区节水农业研究院提供的学习研究平台！感激导师牛文全研究员的敦敦教导！感谢同学、师弟师妹们陪我一起学习成长！本书在完成过程中参考了众多前人的研究成果，得到诸多专家、学者、师长、同学、朋友的支持和帮助，在此一并致以诚挚的谢意。

设施农业土壤质量及作物生长调控涉及学科众多，还有众多难点和很多未知领域需要探索，而本书的研究只是沧海一粟，且时间有限，书中难免有遗漏和疏忽之处，敬请读者批评指正。

著 者

2023 年 2 月

目　录

前言

第1章　绪论 …………………………………………………… 1

　1.1　国内外研究现状 ……………………………………… 1

　1.2　存在的问题 …………………………………………… 17

　1.3　目的和意义 …………………………………………… 18

第2章　研究思路、内容和方法 ……………………………… 20

　2.1　研究思路 ……………………………………………… 20

　2.2　研究内容 ……………………………………………… 20

　2.3　研究方法 ……………………………………………… 22

第3章　覆膜滴灌对设施作物根区土壤环境的影响 …… 34

　3.1　覆膜滴灌布设措施对土壤含水率均匀度、
　　　　温度和pH的影响 …………………………………… 34

　3.2　覆膜滴灌土壤水盐运移规律及对根区环境特性的影响 …… 41

　3.3　滴灌供水方式对土壤孔隙度、pH和温度的影响 …… 47

　3.4　本章小结 ……………………………………………… 49

**第4章　覆膜滴灌对设施作物根区土壤微生物及
　　　　土壤酶的影响** …………………………………… 51

　4.1　覆膜滴灌布设措施对土壤微生物、脲酶、磷酸酶的影响 …… 52

　4.2　滴灌供水方式对土壤脲酶、磷酸酶和土壤细菌的
　　　　影响 ………………………………………………… 60

  4.3 覆膜滴灌对根区土壤微生物及土壤酶的影响机理 …… 78
  4.4 本章小结 ……………………………………………… 86

第 5 章 覆膜滴灌对设施作物根系生长和土壤养分
    利用的影响 ……………………………………… 87
  5.1 覆膜滴灌布设措施对作物根系生长、土壤养分利用的
    影响 ……………………………………………… 88
  5.2 滴灌供水方式对作物根系生长、土壤养分利用的影响 94
  5.3 覆膜滴灌对根系生长和土壤养分利用的影响机理 …… 101
  5.4 本章小结 ……………………………………………… 115

第 6 章 覆膜滴灌对设施作物生长和产量的影响 ……… 117
  6.1 覆膜滴灌布设措施对作物生长和产量的影响 ……… 117
  6.2 滴灌供水方式对作物生长和产量的影响 …………… 125
  6.3 覆膜滴灌对植株生长和产量的影响机理 …………… 139
  6.4 本章小结 ……………………………………………… 149

第 7 章 覆膜滴灌对设施土壤温室气体排放的影响 …… 151
  7.1 交替滴灌对设施土壤温室气体排放的影响 ………… 151
  7.2 地下滴灌对设施土壤温室气体排放的影响 ………… 159
  7.3 覆膜滴灌对设施土壤温室气体排放的影响机理 …… 164
  7.4 本章小结 ……………………………………………… 171

第 8 章 结论与展望 ……………………………………… 173
  8.1 主要结论 ……………………………………………… 173
  8.2 主要创新 ……………………………………………… 178
  8.3 研究展望 ……………………………………………… 179

参考文献 ……………………………………………………… 180

第1章　绪　　论

1.1　国内外研究现状

1.1.1　覆膜滴灌技术

中国以占全球 6% 的水资源供养了占全球 22% 的人口，而全国 70% 左右用水用于农业，90% 的农业用水用于农业灌溉，水资源短缺严重制约了农业的可持续发展，并影响社会各方面的发展（刘愿英等，2007；刘文，2007；山立等，2006）。覆膜滴灌技术作为一种高效率的农业节水灌溉技术，已成为干旱、半干旱缺水地区节约农业用水、发展节水灌溉的首选技术。滴灌是通过滴灌毛管将水以滴状直接送到作物根部，均匀、定时定量浸润作物根系区域的一种局部灌溉方式。滴灌条件下土壤的垂直受水面积小、侧向浸润体面积大，水进入土壤后能使盐分溶解，并向滴头四周迁移（Tanwar，2003）；同时，滴灌的低流量、高频率使作物根区水势维持在较高水平（Hanson et al.，2006），大部分灌溉水通过作物蒸腾作用而消耗，水分利用效率显著提高。覆膜种植具有减少土壤水分蒸发，保水保墒、抑制盐分向表土运移等优点（谭军利等，2008）。覆膜滴灌是将覆膜种植与滴灌相结合的一种先进灌水技术，具备了覆膜和滴灌的优点，不仅可以有效提高水分利用效率，还可以明显改善作物根区土壤环境，促进作物生长，提高产量和改善品质（Zeng et al.，2009）。

覆膜滴灌技术是一个系统工程。在设施作物种植中，常规的滴灌布设措施主要包括覆膜方式、滴灌毛管密度、灌水下限等。覆膜具有保温保墒作用，但也会阻碍土壤与大气之间的水、气交流，不同的覆膜方式会导致土壤导气率、温度、含水率的不同及土壤水、热、气运移的差异（王卫华等，2015），进而对土壤养分、微生物、作物根系造成影响，最终都可能导致作物生长和产量差异（高翔等，2014）。研究发现，不同的覆膜方式不仅对土壤水分供应、作物水分利用有重要影响，还会影响作物的光合作用，造成产量的不同（高玉红等，2012）。滴灌毛管铺设密度对土壤水热分布的均匀性有重要影响（杨艳芬等，2009）；水分作为土壤养分运移的载体，不同的土壤水分分布将造成作物根区土壤养分、热量的空间异质性差异，进而影响作物根系对养分、水分的吸收，以及作物生长状况和产量。关于滴灌毛管布置方式对作物生长及产量影响的研究还不多，且存在一定的争议，有研究认为滴灌毛管布置对作物生长及产量有显著影响（蔡焕杰等，2002），也有研究认为作物产量与滴灌毛管布置方式无关（刘梅先等，2012）。

　　然而，综合考虑覆膜方式、滴灌毛管密度、灌水下限等因素对作物生长影响的研究较少。另外，设施环境的空间相对封闭，作物生长周期短，土壤物质代谢、水热运移的速率和规律都显著不同于大田土壤，具有气温高、湿度大、肥料投入量多等特点；土壤随种植年限增加和多年连作，普遍存在质量退化、肥料残留、养分失衡等问题。因此，在设施环境中，通过不同的覆膜方式、滴灌毛管密度、灌水下限等农艺措施，调节作物根区土壤水、热环境，对于形成不同的田间土壤环境，提高土壤肥力，改善土壤质量，促进作物生长发育和提高产量十分重要。

　　在设施作物种植中，地表滴灌最为常用。多年来，经过众多科研技术人员的长期努力和实践，从地表滴灌发展出很多新的滴灌供水方式，如地下滴灌、交替滴灌。很多学者就这些滴灌供水方式对作物耕作土壤环境、作物生长的影响进行了大量研究和探讨，取得了许多进展，这对提高水分利用效率、改进节水灌溉技术具有重要意义（牛文全，2006）。

1. 交替滴灌

　　交替滴灌（alternate drip irrigation，ADI）是基于解决水资源日益紧缺与植物水分利用效率较低这一矛盾而发展的一种节水灌溉模式（Davies et al.，2011）。它强调在作物根系两侧交替灌溉，在一定时间段内保持根系一侧湿润、另一侧相对干燥，人为控制作物根区局部的干湿交替（Ahmadi et al.，2011）。研究表明，与常规地表滴灌相比，交替滴灌不仅可显著提高水分利用效率，同时还能提高作物光合作用（Wang et al.，2012a）、增加作物产量、改善果实品质（Du et al.，2016）。干湿交替刺激和诱导作物根系产生相应信号调节叶片气孔导度，减少蒸腾进而提高水分利用效率（Liang et al.，2013）；也能刺激根系生长，提高根系活力（Yang et al.，2012），显著增加根冠比（Chen et al.，2016），使光合产物更多地向生殖器官分配（Lima et al.，2015）。交替滴灌根区土壤相对频繁的干湿交替还提高了土壤微生物代谢活性，加速了土壤有机质的矿化，改变了土壤中的碳氮比，促使土壤中氮元素聚集到根系表面，促进作物对氮的吸收利用，提升了氮肥利用率（Zhang et al.，2014）。土壤养分循环利用与土壤微生物息息相关，交替滴灌提高土壤养分利用的内在原因可能是根区土壤的干湿交替改变了土壤水热等环境因素，进而调节了微生物群落结构，加速土壤养分的循环速率。但也有研究发现，过于频繁的干湿交替加速了土壤中有机质矿化，导致土壤碳、氮流失，不利于土壤健康（Sun et al.，2013）。因此，研究交替滴灌对根区土壤环境的影响，特别是对根区土壤微生物群落变化的影响，对深入理解交替滴灌内在机理和合理配置滴灌措施十分重要。

2. 地下滴灌

地下滴灌是一种通过地埋滴灌管将水直接、缓慢渗流到作物根区土壤的滴灌方式（Wang et al.，2007b），具有减少土壤水分蒸发（Lamm et al.，2010）、疏松土壤（Mo et al.，2016）、高效节水等优点（Mo et al.，2016），广泛用于设施农业种植中。

研究表明，地下滴灌能促进根系生长，提高滴灌湿润区的根长密度，有利于水肥管理，增加果实产量且不降低品质（Rui et al.，2003）。地下滴灌具备这些优点的内在原因，可能是因为其特殊的水分运移方式利于根区土壤湿润区持水（Schiavon et al.，2015），较高频率灌水造成根区土壤干湿交替的相对频繁利于根区土壤养分和微生物活化（Dodd et al.，2015），增强根系对养分的吸收，促进作物生长（Al-Ghobari et al.，2015），进而提高了水分利用效率和产量，但这些机制的内在机理还不清楚。

地下滴灌的滴灌管埋于地面以下，其水分分布显著不同于地表滴灌（Douh et al.，2013）。滴灌管埋深不同则土壤水分分布、运移也显著不同（Badr et al.，2013），土壤水分分布状况对作物根区水分、养分、pH 和温度等环境因素有重要影响（Huan，2012；Khumoetsile et al.，2000）；滴灌管埋深与土壤水分的交互也会影响土壤温度（邹慧等，2012）。土壤环境因素的改变影响土壤微生物群落状况、根系生长与根区微环境相互作用，最终影响作物生长发育和产量。研究表明，滴灌管埋深 20 cm 显著提高土壤持水性，有利于提高水分利用效率（Santos et al.，2016）；滴灌管埋深 30 cm 能显著优化根冠比、提高根系活力，促进土壤养分吸收（Rogers et al.，2015），提高水分利用效率和产量（Bidondo et al.，2012）。滴灌管埋深大于 5 cm 时，土壤含水率随滴灌管埋深增加而下降（Patel et al.，2007），滴灌管埋深的增加造成浅层土壤（0～20 cm）水分降低而较深土壤（20～70 cm）水分增加（刘玉春等，2009）。除滴灌管埋深外，灌水量的不同也会影响地下滴灌的效果，适宜的灌水量能显著提高水分利用效率（Zhang et al.，2011）；水分过高或过低都会降低水分利用效率、减少作物产量（Badr et al.，2010）。相关的地下滴灌管埋深对土壤水分利用及作物产量影响研究的结果差异，可能是因为土壤基质、作物种类、施肥管理等方面的差异造成的，地下滴灌系统要结合生产实际进行布设，而在水、肥输入量较高的设施种植中，这方面的研究还很欠缺。土壤水分管理（Hou et al.，2012）和土壤环境温度（Sänger et al.，2011b）是影响土壤温室气体排放的关键因素；土壤气体的产生和排放与土壤养分代谢显著相关。合理的水肥管理对于生长周期较短的设施作物至关重要，地下滴灌对土壤气体影响的研究也值得关注。

　　与地表滴灌相比，地下滴灌和交替滴灌具有很多优势，但关于分析评价这几种滴灌供水方式对于作物根区土壤环境调控的研究比较少，且不够深入，因此有必要进行不同滴灌供水方式对根区土壤微域环境影响的研究，探求对土壤环境的合理调控措施，进一步完善灌溉制度，为实现高效节水、作物增产提供参考。

1.1.2 覆膜滴灌对作物根区土壤环境的影响

1. 土壤水分、盐分

　　研究表明，滴灌系统灌水器的额定流量和土壤初始含水率影响土壤水、盐运动和分布。覆膜滴灌可以减少蒸发，抑制盐分上移，土壤垂直方向 10～40 cm 土层盐分含量较低，水平方向 10～50 cm 土层盐分含量随距离出水口水平距离的增加而增加（孙三民等，2015），这将对作物根系生长发育状况和分布造成影响（齐广平，2008）。单鱼洋（2012）、王全九等（2000）通过试验和模型模拟相结合的方式，评价了不同覆膜滴灌条件下水盐变化规律，结果表明，覆膜滴灌对表层土壤具有洗盐作用，土壤水分分布主要受滴灌量、蒸散、根系吸水等作用的影响，在根区土壤 0～40 cm（根系主要分布区）土层内形成淡化脱盐区（Liu et al.，2011）。有研究表明，覆膜滴灌 0～50 cm 土层土壤水盐迁移与土壤颗粒显著相关（Zhang et al.，2014），土壤质地决定了水盐运移的过程。

　　交替滴灌和地下滴灌供水方式明显不同于地表滴灌。交替滴灌形成作物根系两侧土壤干湿交替、增强灌水周期内局部土壤水分分布不均匀性，交替滴灌毛管不同间距也造成作物根系两侧土壤干湿交替强度不同（Selim et al.，2012）。作物根系通过识别根区土壤干湿信号调节植株生长，减少蒸腾，提高土壤水分利用效率（董彦红等，2016）。滴灌毛管不同埋深的灌水出水位置不同，可能随着灌水周期对土壤结构造成一定的影响，造成土壤最大湿润层的上移或下移，相应地滴灌毛管垂直上方相对干燥土壤层的范围也发生改变（Patel et al.，2008），但地下滴灌显著减少了土壤蒸发，加上覆膜的保温保湿作用，显著提高土壤的持水性和水分分布均匀性，提高水分利用效率（Finger et al.，2015）。

2. 土壤温度

设施作物种植中，在区域天气状况相对稳定的情况下，土壤温度受到覆膜、灌溉水温度的影响，同时也受灌溉量及灌溉频率的影响（王建东等，2008，2009）。覆膜可提高作物生长早期根区上层土壤温度（Hou et al.，2015），缩短作物苗期，利于成熟期提前，并显著提高干物质累积和产量（Zhao et al.，2012）。随着作物冠层面积增加，覆膜对根区上层土壤的增温作用逐渐降低。不同覆膜方式、不同材质的地膜对土壤温度影响不同（Li et al.，2013），垄作全膜覆盖（齐智娟等，2016）、黑膜覆盖更能显著提高作物根区土壤温度，促进作物生长（Ibarra‐Jiménez et al.，2011）。

灌水量不同也会影响土壤温度，高频率灌水能降低土壤温度（Kincaid et al.，1993），主要是因为土壤含水率的改变导致土壤热容量和热传导不同（张治等，2011），土壤湿度增加能显著增加表层土壤容积热容量、降低土壤温度，土壤湿度很高将使容积热容量急剧增大，但土壤含水率显著增大又有利于保持热量，有利于土壤温度升高。因此，灌水量过高或过低都不利于土壤温度增高（龚雪文等，2014），选择合适的灌水量可以提高土壤温度（姜国军等，2014）。

研究发现滴灌土壤温度低于沟灌（吕国华等，2012），也有研究表明滴灌土壤温度高于沟灌（陈新明等，2013）。不同的灌水方式对0～10 cm土层土壤温度影响不显著，但相比其他灌水方式，无膜滴灌（邸博，2009）能显著提高0～50 cm土层内土壤总积温。覆膜滴灌能显著提高作物根区上层土壤温度（赵靖丹等，2016），增加作物生育期内土壤的有效积温（刘洋等，2015）。地下滴灌土壤温度相对气温具有明显的滞后效应且随土壤深度增加而增强。地下滴灌的滴灌毛管埋于土壤中，可以降低地膜与地表之间水汽层的容积热，与地表滴灌相比提高了0～40 cm土层土壤温度（申孝军等，2011）。交替沟灌造成的干湿交替能提高垄上作物根区土壤温度（王振昌，2008），合理布设滴灌毛管间距也能显著提高根区表层土壤温度（Karandish et al.，2016）。

根系是植物的主要器官，其生理功能对根区土壤温度的响应比对地面温度更敏感（依艳丽等，2006）。土壤温度变化可以形成不同土壤水分、土壤养分有效性，改变植物根系的水力传导度，影响根系对水分和养分的吸收（李国师等，1995）。不同灌水方式土壤水分分布差异也会导致土壤热量分布的不同（Wang，2000），形成不同根区微环境，进而影响作物生长和产量（Lamont，2005）。

3. 土壤酶及土壤微生物

（1）土壤酶 作物根区土壤微环境中，土壤酶是土壤营养物质代谢的重要动力，对土壤养分迁移与循环利用有重要作用（姚槐应，2006），其活性与土壤理化特性、肥力状况和农业措施显著相关，能在较短时间内反映土壤质量变化（Yakovchenko et al.，1996），是评价土壤肥力的重要指标（Garcia - Ruiz et al.，2008）。土壤酶本质属于蛋白质，按照国际酶学委员会的分类标准，酶可分为氧化还原酶、水解酶、转移酶、裂解酶、连接酶和异构酶六类。土壤酶活性研究主要关注两类酶：①氧化还原酶，又分为氧化酶和还原酶，催化涉及电子得失及传递的氧化还原反应，反应过程中伴随能量的吸收和释放，过氧化氢酶、过氧化物酶和脱氢酶等属于此类酶；②水解酶，催化复杂的高分子化合物分解为简单小分子物，有利于微生物和植物根系吸收，此类酶与土壤有机物转化、土壤氮磷等养分循环利用密切相关，常见的有土壤蛋白酶、脲酶、磷酸酶等。

在设施作物种植中，土壤肥料输入量大，与氮磷等养分转化密切相关的土壤脲酶和磷酸酶应重点关注。①土壤脲酶。脲酶是土壤中的主要水解酶，能促进尿素水解成二氧化碳和氨，是土壤氮素循环的重要组成部分（Bendinga et al.，2004）。脲酶活性表征土壤氮素状况和作物生长吸收氮素能力的趋势，与土壤有机质、全氮、全磷、全钾及速效氮、有效磷等之间都存在显著相关性（刘建新等，2004）。增强土壤脲酶活性能促进土壤营养代谢，改善土壤理化性状，提高土壤肥力（张为政等，1993）。研究土壤脲酶的影响因素、提高耕作土壤脲酶活性，对改善土壤质量（Petra，2003）有重要意义。②土壤磷酸酶。磷酸酶活性对土壤中有机磷转化、磷元素的生物有效性具有重要影响。磷是植物体内很多重要物质的组成成分，参与植物体内各种代谢活动，是植物生长发育所必需的大量营养元素之一，在作物产量和品质形成中具有重要作用（Krmer et al.，2000）。为满足植物对磷的需要，农业生产中有机磷肥用量逐年增多，但有机磷在土壤中移动性差，不易被植物吸收利用，需在土壤磷酸酶的作用下转化为无机磷后才可被植物根系吸收利用（Firsching et al.，1996）。

土壤酶主要源于土壤中植物根系分泌、微生物分泌及植物残体和微生物细胞的分解物。研究表明，土壤中细菌、放线菌和真菌是土壤酶的主要来源（Magnuson et al.，1992），对土壤酶的影响相当大（Tabatabai et al.，2002）。在一定土壤基质条件下，土壤水、热、气状况对土壤酶活性具有很大的影响（Zhao et al.，2006）。土壤微生物生长也受土壤水、气、热状况制约（Hsiao，1993），进而对土壤酶产生影响。研究土壤酶的影响因素，提高土壤酶活性，对改善土壤生态环境、有效利用水土资源、提高农业生产效率有重要意义（Mendes et al.，1999）。

（2）土壤微生物　土壤微生物是作物根区土壤养分循环的重要参与者，在土壤的物质转换和能量流动中起核心作用。土壤微生物数量巨大、种类繁多，主要包括细菌、放线菌、真菌、显微藻类、原生动物五大类，一般研究主要关注前三大类，其中细菌数量最多，放线菌次之、真菌最少（周群英等，2000）。土壤细菌数量占土壤微生物总量的 70%～90%（王岳坤等，2005），是土壤微生物群落的主要组成部分。

种类繁多、数量巨大的土壤微生物以群落的方式在土壤中生存，研究表明约 1 g 土壤中就有种类达 10^4 种、数量达 10^{10} 个微生物个体（Gans et al.，2005）。土壤微生物群落发展演替是土壤养分循环的动力，并与土壤环境和作物根系交互作用影响土壤质量（O'Donnell et al.，2001）。土壤微生物群落多样性是衡量土壤微生物的重要指标，包括结构多样性（微生物种类组成、相对丰度和分布、结构变化）和功能多样性。群落结构多样性是研究微生物群落的切入点，决定了群落的生态功能。土壤微生物群落多样性的常用研究方法主要包括以下 3 种。

① 传统培养基培养计数法。传统培养基培养计数法是利用选择性或非选择性培养基，对目标微生物进行分离、富集培养，通过对培养形成的微生物菌落形态、颜色、菌丝等特征或特定的产酸、产气等生理生化特征进行分析，然后进行显微计数、评价土壤特定微生物信息。土壤细菌、放线菌和真菌一般采用固体平板稀释培养法进行计数，土壤氨化细菌、硝化细菌、反硝化细菌等一般采用最大或然数法（MPN）进行测定。在取样同步、培养技术熟练的基础上，传统培养基培养计数法能快速获取土壤微生物的相关信息（Kennydy et al.，1995），但土壤中只有极少部分微生物类群（0.1%～1%）可培养（Amann et al.，1995），不能反映土壤微生物群落的全部信息（Wang et al.，2010）。尽管存在这种局限，但传统培养基培养计数法从可培养微生物的角度反映土壤微生物状况，仍被很多研究者采用（Manuel et al.，2013）。

② 生物化学分析法。生物化学分析法主要包括微生物群落生理代谢指纹（community‐level‐physiological profile，CLPP，BIOLOG）分析法和磷脂脂肪酸（phospholipid fatty acids，PLFA）分析法。BIOLOG 技术由 Garland 和 Mills（1991）提出，经 BI-OLOG 公司商业化后广泛应用于土壤微生物群落功能多样性研究中（Zheng et al.，2004）。BIOLOG 技术的原理是将土壤微生物溶液接种到特定培养平板上，根据微生物对不同碳源利用的差异来鉴定群落多样性。该方法具有操作简单、自动化程度高、检测速度快等优点，在不同生态环境下植物根区土壤微生物群落多样性分析中作用越来越重要（Chen et al.，2011；Gomez et al.，2006）。该方法只能培养新鲜土壤样品，检测能迅速生长的微生物，不能完全反映出土壤微生物信息，土壤样品处理、特定培养平板的选择也会带来误差（Preston‐Mafham et al.，2002）。

磷脂脂肪酸分析法的原理：磷脂脂肪酸是所有生物活细胞细胞膜的成分，随细胞死亡很快分解（Vestal et al.，1989）。磷脂脂肪酸在生物细胞内的种类和含量具有特异性，不同土壤微生物具有不同的磷脂脂肪酸（Femandes et al.，2013），因此磷脂脂肪酸能准确地表征土壤微生物群落结构（Zelles，1999）。磷脂脂肪酸分析法，采用 Bligh 和 Dyer 法（Bligh et al.，1959）将土壤微生物磷脂脂肪酸提取出来，用气相色谱分析、生成磷脂脂肪酸谱图，分析图谱得到微生物群落信息。磷脂脂肪酸分析法无须进行微生物纯培养，分析快捷、灵敏，但也存在鉴定微生物分类水平低（刘国华等，2012）、微生物对应的脂肪酸标记信息量有限、磷脂脂肪酸提取易受环境影响等缺点。

③ 分子生物学分析法。分子生物学分析法，是根据微生物细胞核糖体内遗传物质（基因）的稳定性和不同种类微生物细胞核糖体遗传基因的差异性，来鉴定评估土壤微生物种类和结构特点。该方法能更加全面、准确、客观地反映和分析土壤微生物群落信息。随着遗传物质提取、聚合酶链式反应（PCR）、基因组学等技术的发展，利用分子生物学分析土壤微生物多样性发展出了很多方法，包括变性梯度凝胶电泳（denaturing gradient gel electrophoresis，DGGE）、限制性片段长度多样性（terminal restriction fragment length polymorphism，T–RFLP）、扩增性核糖体 DNA 限制性酶切片段分析（amplified ribosomal DNA restriction analysis，ARDRA）、随机扩增多态性分析（random amplified polymorphic DNA，RAPD）、DNA 单链构象多态性（single stranded conformation polymorphism，SSCP）分析、焦磷酸测序（pyrosequencing）技术、高通量测序（high throughput sequencing）技术等。

高通量测序技术被称为下一代测序（next generation sequencing，NGS）技术，与传统的 Sanger 测序技术相比，具有速度快、通量大、准确率高等优点（秦楠等，2011），能全面反映土壤微生物群落信息（夏围围等，2014），被越来越多地应用于土壤微生物群落的研究中。高通量测序技术还在发展中，也存在引物错配、测序引物不能覆盖所有微生物的问题（Kircher et al.，2010）。土壤微生态系统复杂多变，在研究土壤微生物群落多样性过程中，需要将传统方法和分子生物学方法相互结合，才能更准确地反映土壤微生物群落信息。

（3）覆膜滴灌对土壤微生物、土壤酶的影响　不同滴灌模式形成的土壤水、盐、气、热条件，将直接、间接地影响作物根区土壤微生物数量、种类以及微生物群落的演替，微生物酶分泌和土壤中营养物质活化、利用，最终影响根系的生长发育和作物生长。

土壤水分是土壤微生物、土壤酶活性限制性因素。微生物面临适当干旱胁迫会调节新陈代谢，在细胞内合成、累积多糖物质（郭丹钊等，2007），调节细胞渗透性，适应干燥土壤环境；干旱胁迫严重时将导致微生物细胞死亡。不同种类微生物对土壤干旱胁迫响应不同，有研究发现，细菌和放线菌数量随干旱胁迫增加先增加后减小，真菌则持续减少，适度干旱胁迫有利于改善土壤细菌群落多样性（刘方春等，2014），提高土壤酶活性（韦泽秀等，2009）。不同土壤含水率会形成不同的土壤通气性、pH、养分有效性，土壤含水率过高将造成土壤溶氧浓度降低，抑制好氧微生物生长、促进厌氧微生物生长，改变土壤微生物群落（Sänger et al.，2010a）。

覆膜有利于改善土壤水、热环境（Zhao et al.，2012），提高养分活性（Qin et al.，2014；Mbah et al.，2009），比无膜覆盖显著促进土壤微生物生长（Qin et al.，2016）、提高土壤脲酶活性（李旺霞等，2015）。全膜覆盖能显著促进土壤细菌生长、抑制真菌生长，半膜覆盖促进土壤细菌、固氮菌、硝化菌的生长（Qin et al.，2016）。滴灌作为一种流量较小的局部灌溉，会造成土壤局部干燥、局部湿润的干湿交替，增强土壤水、热、养分分布的时空异质性，影响微生物生长和酶活性。研究表明，滴灌土壤的干湿交替能增强养分活化（Borken et al.，2009），促进土壤耕层细菌、放线菌和真菌生长（Liu et al.，2014）。与沟灌相比，滴灌土壤的保湿性好，未改变土壤微生物群落结构，但显著提高革兰氏阳性细菌和真菌数量（Dangi et al.，2016）。覆膜滴灌技术将覆膜保温保墒效应、滴灌土壤水分分布特点有机结合起来，影响土壤水分分布，也将造成土壤微生物数量和土壤酶活性的不同。一些学者针对不同滴灌方式对微生物的影响进行了相关研究，范君华（2005）等发现，膜下滴灌根区土壤和根外土壤微生物数量都多于细流沟灌，土壤厌氧因素、土壤酶活性无明显变化。交替灌溉促进了根区土壤微生物，特别是细菌和真菌的生长（李伏生等，2012），提高了土壤酶活性（Siwik - Ziomek et al.，2015）。Zornoza（2007）等研究表明，间歇灌溉提高了好氧细菌、真菌和放线菌以及稻田土壤微生物总量。李华（2014）研究表明，地下滴灌根际土壤微生物生物量和脲酶、磷酸酶活性等随灌水量的增加呈先升高后下降的趋势。地下滴灌显著提高土壤有效磷含量（Wang et al.，2012），原因可能是促进微生物生长，提高了磷酸酶活性（Zornoza et al.，2007）。

1.1.3 覆膜滴灌土壤环境对作物生长的影响

1. 作物根系与作物生长

不同滴灌布设措施对根区微环境的改变不同，将不同程度地影响作物根系生长发育，最终影响作物生长。覆膜能提高土壤耕作层中的根干重（Niu et al.，2004）、增强根系与土壤交互作用，促进土壤有机碳和磷矿化（Zhou et al.，2012）、提高根冠比（朗杰等，2015）、增强叶片和根系生产力（Choi et al.，2003）、增加植株氮和干物质量累积（Liu et al.，2014）。研究发现，全覆膜、半覆膜的覆膜方式都能促进土壤有机质矿化、提高酶活性，提高根系生物量和作物产量，但半覆膜效果不如全覆膜（Liu et al.，2014）。也有研究发现，全覆膜更能促进根系生长，提高作物生产力（Gao et al.，2014）。覆膜可以提高根系分泌物含量，增加土壤微生物碳，但会降低土壤有机碳（Li et al.，2004）。另外，覆膜能提高作物根区土壤温度，缩短作物生长周期（Li et al.，2004；Zhou et al.，2009），但根区温度高也会造成一些有害微生物的生长繁殖（Díaz - Pérez et al.，2009）。

滴灌土壤中，相对湿润区根系密度大（Fernández et al.，

1991)，0～30 cm 土层内根长密度显著提高（Maria do Rosário et al.，1996），较深土层中细根增加、根系活力大（Fernández，1991）。相同灌水量条件下，高频率滴灌能提高 0～60 cm 土层根长密度，减少0～10 cm 土层根长密度（Wang et al.，2006）。另外，不同毛管布置方式造成的水分分布也会影响根长密度的分布（Ning et al.，2015）。与普通灌溉相比，滴灌作物根系生物量并未增加，但能显著促进毛细根生长，这可能利于土壤养分活化，进而促进地上植株生长，增加干物质和提高产量（Antony et al.，2004）。

覆膜滴灌下作物根系在土壤中分布与无膜滴灌类似，也主要分布于0～30 cm 土层并随深度增加而减少（Hu et al.，2009），但覆膜滴灌提高了土壤有效积温，促进作物早期生长，成熟期作物生物量和产量显著提高，且产量与生物量累积量显著相关（李志国等，2012），作物生长周期缩短使作物蒸腾减少，提高水分利用效率（Qin et al.，2016）。

地下滴灌和地表滴灌对根长密度和根系水分吸收性能的影响无显著差异（Coelho et al.，1999）。与地表滴灌相比，地下滴灌能显著促进土壤耕作层内根长密度，但对地上干物质累积影响不大（Phene et al.，1991）。土壤含水率较低的地下滴灌会降低根系早期生长速度，不影响生育期内根系整体生长，但显著影响地上植株生长（Plaut et al.，1996）。土壤含水率适中的地下滴灌能促进植株株高和叶面积的增加、提高产量和水分利用效率（Patel et al.，2013）。地下滴灌毛管埋深不同，根系的垂直分布不同（刘玉春等，2009），作物生长也有差异，适中的滴灌毛管埋深能显著提高作物产量和水分利用效率（Diamantopoulos et al.，2012）。

交替灌溉形成的土壤干湿交替能刺激根系生长（董彦红等，2016）、提高肥料利用率，显著增加根系干物质量和根密度，提高光合效率（董彦红等，2016）、有效控制植株营养生长（Hakeem et al.，2016），提高产量和水分利用效率（苏里坦等，2009），但过量的水分亏缺会导致作物减产（Topak et al.，2016）。交替滴灌通过调节蒸腾减少水分蒸发，对于低密度种植作物的实际意义有限，但交替滴灌干湿交替对促进根系生长、调节光合产物向果实分配、提高果实品质的潜力具有重要意义（Kang et al.，2004）。

2. 土壤酶、微生物与作物生长

土壤酶活性主要受土壤水分和土壤温度影响，在一定程度上可以间接反映作物根区土壤环境变化，但土壤酶更直接受微生物和根系生长的影响（Henry，2013），作物根系分泌物能刺激土壤微生物活性而直接或间接地影响酶活性（Speir，1978）。作物毛细根能显著促进微生物生长和提高土壤酶活性（Spohn et al.，2014），根系生长过程中与土壤、微生物交互形成的丛状根构型（Bertin et al.，2003）、根菌共生体（Rydlová et al.，2016）能有效促进作物对土壤养分的获取和吸收（Malamy，2005）。土壤水分、养分缺乏时，根系还能通过刺激微生物生长、提高养分活性，增强作物的抗旱性（Miransari，2013）。土壤养分缺乏也会造成根系与土壤微生物对养分的竞争性获取，研究发现土壤氮素缺乏时，微生物获取氮的速率高于根系，但由于微生物生长周期短、代谢快，大量微生物死亡形成的活性氮物质被根系吸收利用，促进根系生长（Kuzyakov et al.，2013）。

不同的土壤水、热状况会制约"土壤—根系—微生物及酶"交互作用（Wallenstein et al.，2012），影响土壤养分活化、吸收及根系生长（Mimmo et al.，2014）。土壤养分有效性是限制作物生长和产量的关键因素，为提高作物产量，土壤肥料输入量往往很大。特别是在设施种植中，土壤氮磷肥料输入量大，短期内过量的氮肥输入会促进微生物生长，有利于根系对土壤养分吸收，但长期会造成土壤酸化、有机质降低、微生物群落结构破坏等土壤质量退化问题（Geisseler et al.，2014）；土壤中有效磷含量较低，只有少量磷肥能被作物吸收利用（Mda et al.，1998）。为提高土壤酶活性、促进土壤养分吸收，可直接向作物根区接种微生物提高土壤酶活性（Abde-lFattah，1997），但这种措施对于作物根区土壤的影响范围有限，还可能破坏土壤原有的微生态平衡，在农业生产实践中难以广泛应用。土壤中施用生长调节剂，通过调控根系生长，改善根际微生态环境，也可提高根际土壤酶活性（李志洪等，2004），但生长调节剂在土壤中的残留可能对土壤生态环境造成不利影响。

"土壤—根系—微生物及酶"交互作用是个复杂的过程且影响因素诸多，已有研究表明其是影响作物生长的基础因素（Pii et al.，2015），且可以通过适当农业措施进行调控而促进作物生长和提高产量（Bonkowski et al.，2015；Husen et al.，2013）。因此，在设施种植中，采取不同的覆膜滴灌农艺措施，调控土壤水热环境，影响"土壤—微生物及酶—根系"交互作用（Dodor，2003），对提高水肥利用效率、促进作物生长具有重要意义。

1.1.4 覆膜滴灌土壤环境对温室气体的影响

CO_2 和 N_2O 是最主要的温室气体，参与全球生态系统中碳氮循环重要环节（Davies et al.，2011）。农业生态系统相对脆弱，受自然因素和农田管理措施（如耕作、施肥和灌溉等）的扰动较大（Lal，2004），是温室气体的重要排放源。农田排放的 CO_2 与 N_2O 分别约占全球人为温室气体排放量的 25％和 60％（IPCC，2007）。目前，有关农田管理措施对土壤气体排放影响的研究更多集中在施肥、耕作、地膜覆盖等方面，而关于滴灌等水分措施的研究相对较少。

1. 土壤 CO_2

土壤 CO_2 主要来自作物根系和土壤微生物呼吸（Chen et al.，2015），土壤水分是根系和微生物生长的限制因素。在设施农业生产过程中，水分管理频率高、强度大，这将影响土壤 CO_2 排放。研究表明，覆膜滴灌土壤中 CO_2 浓度比无膜滴灌显著升高，但比覆膜漫灌显著降低（陶丽佳等，2012）。无膜滴灌对土壤土体结构冲刷不明显，土壤结构疏松，有利于土壤气体及时排放。覆膜滴灌增温、保湿作用使作物根区土壤始终保持相对疏松和较高含水率（胡正华等，2010），增强土壤微生物活性、加快有机物分解，且薄膜阻隔土壤与气体交换，造成土壤气体排放减少（张前兵等，

2012a)。另外，覆膜滴灌除薄膜覆盖阻碍土壤气体与大气交换外，覆膜条件下较高的土壤含水量在一定程度上降低了土壤孔隙度和气体扩散力（郭庆等，2012），也会导致覆膜滴灌土壤中 CO_2 含量相对增高（李志国等，2012）。滴灌的干湿交替频率增加，造成土壤中微生物代谢底物减少（杨玉盛等，2004），会降低土壤呼吸作用，土壤气体含量显著低于漫灌。漫灌的灌水周期间隔长、土壤水分蒸发与干湿交替强度大，可产生更多 CO_2（Li et al.，2011），且漫灌的一次灌水量大，容易造成土体板结，土壤通气性降低，使得土壤呼吸产生的 CO_2 难以扩散出去，土壤 CO_2 含量显著高于膜下滴灌（刘祥超等，2012）。因此，土壤水分不仅影响土壤气体的产生，也通过改变土壤通气性影响土壤气体的排放。也有研究发现，滴灌比漫灌更能显著提高土壤呼吸速率（张前兵等，2012b），促进土壤 CO_2 排放（张前兵等，2012a）。Kallenbach（2010）等则发现，地下滴灌和沟灌对番茄种植土壤 CO_2 排放通量均没有显著影响。

2. 土壤 N_2O

土壤 N_2O 主要来自于土壤中微生物硝化和反硝化作用。硝化作用可分为两个步骤：①铵盐在好氧的亚硝化细菌作用下被氧化成亚硝酸盐，这一步的反应转化速度很慢，是整个硝化作用的限速步骤，反应生成的亚硝酸盐不稳定，部分亚硝酸盐转化成 N_2O；②亚硝酸盐被好氧的硝化细菌继续氧化成硝酸盐，这一步反应转化速度快。反硝化作用是在缺氧或厌氧条件下，硝酸盐被反硝化细菌还原成 N_2O 或 N_2 的过程。

在一定的土壤基质条件下，土壤的硝化和反硝化作用主要受土壤水分和土壤通气性的制约，但根区土壤好氧、低氧或厌氧环境同时存在，土壤硝化、反硝化作用同时进行。研究表明，覆膜能显著增加土壤 N_2O 排放（韩建刚等，2002）。与沟灌相比，滴灌土壤通气性好，能减少硝化作用中亚硝酸盐的积累，减少 N_2O 生成，同时抑制反硝化作用（Sánchez - Martín et al.，2008），显著降低 N_2O 排放（Wang et al.，2016）。也有研究表明，滴灌土壤相对频繁的干湿交替，能增强土壤营养物质矿化，同时大量因为干湿交替死亡的微生物也增加了土壤有效碳和氮，促进土壤硝化和反硝化反应，显著增加土壤 N_2O（梁东丽等，2002）。

　　覆膜滴灌具备地膜覆盖和滴灌的特点，覆膜的增温保湿与滴灌干湿交替的交互对土壤水热分布产生影响，必然影响土壤 N_2O 的产生和排放，但有关覆膜滴灌及不同滴灌方式对土壤 N_2O 排放影响的研究还不多见。张西超等（2016）研究表明，覆膜滴灌下番茄土壤 N_2O 排放量低于沟灌，但差异并不显著。也有研究表明，与地表滴灌相比，地下滴灌能显著减缓 N_2O 排放，提高氮肥利用效率（Zou et al.，2015）。还有研究表明，地下滴灌与地表滴灌对 N_2O 排放的影响无显著差别（Edwards et al.，2014）。

　　综上所述，有关覆膜滴灌对土壤温室气体排放的影响还未明确且目前相关研究较少；土壤中碳氮代谢相互影响（Jian et al.，2016），这将影响土壤 CO_2、N_2O 的产生与排放，但现有研究更多关注土壤 CO_2 或 N_2O 一种气体，有关覆膜滴灌对土壤 CO_2 和 N_2O 两种气体排放及相互关系影响的研究更少。因此，研究覆膜滴灌条件下，土壤水、热时空异质性对土壤 CO_2 和 N_2O 产生及排放效应，对减缓土壤温室气体排放、提高水肥利用效率有重要意义。

1.2　存在的问题

　　目前，关于覆膜滴灌条件下，设施作物根区土壤环境效应及作物生长方面的研究多集中在：①不同滴灌方式下，土壤水、热、盐等环境因素动态变化，多因素耦合迁移、分布规律；②不同滴灌方式下，作物的水、肥利用效率，作物根系生长、分布，作物生理特征、生长、产量等。在一些方面还存在不足：

　　（1）综合考虑覆膜滴灌布设措施（覆膜方式、灌水下限、滴灌毛管密度等）和滴灌供水方式（地上滴灌、地下滴灌、交替滴灌）对作物生长影响的研究还不够深入，更多研究仅对其中部分因素进行了研究，较少考虑生产中常用的覆膜滴灌各项农艺措施的交互作用。

（2）土壤微生物及酶对覆膜滴灌根区土壤环境变化响应的研究还不够深入。土壤微生物的研究多停留在生长繁殖层面，土壤微生物群落多样性、功能多样性变化研究方法多采用传统培养方法，不能全面深入地反映土壤微生物信息。

（3）关于设施作物生长、光合产物分配、干物质累积、产量及品质等对作物根区"土壤—根系—微生物及酶"交互作用响应的研究还不多，对于覆膜滴灌优势的土壤内在机制研究还不够深入。

（4）关于设施农业生产中，土壤温室气体产生及排放对土壤水分管理响应的研究还较少，比较不同滴灌方式对于土壤温室气体产生及排放效应影响鲜有报道，相关机制认知依然十分有限。

1.3 目的和意义

根系是作物重要的营养器官，其生理功能主要有：①在土壤中固定作物，保证作物正常受光和生长，是养分储藏库；②与土壤交互作用，活化、吸收土壤水分、养分，并将水分、养分运输到植株，保证植株正常生长发育；③通过合成激素、生物碱等活性物质，调节植株生长发育和生理生化代谢过程。更为重要的是，根系可以感受、识别土壤逆境信号，向植株转导，控制、调节植株生长，以适应环境变化。因此，根系生长发育状况决定作物生长状况，而根系生长发育和生理代谢功能与根区土壤微环境密不可分。

根区土壤微域环境由土壤水分、土壤养分等非生物因素和土壤微生物、土壤酶等生物因素相互联系、影响和制约，构成一个不可分隔的有机整体。根区土壤非生物因素为根系生长发育提供物质基础和环境支持；土壤微生物参与营养物质分解和养分活化，是根区土壤微环境中物质循环和能量转换的枢纽，对作物根系生长发育起着重要作用；土壤酶是微生物和根系活化利用土壤养分的重要媒介，可以反映短期内土壤质量。根系通过与周围环境的物质、能量交换，在保证自身生长发育的同时也不断影响着根区土壤微环境。根区土壤微环境处于动态变化中，只有各组成因素合理、平衡才能为根系提供一个适宜的生长环境，促进作物更好生长。

根区土壤微环境中土壤微生物、土壤酶以及根系自身生长根本上受到非生物因素（土壤水分、土壤养分、土壤温度、土壤气体）的影响和制约。在水资源日趋紧张的形势下，特别是在干旱、半干旱地区，水分成为了更为关键的制约因素。覆膜滴灌作为一种高效节水措施越来越被广泛应用于农业生产中，特别是大棚、温室等设施农业生产中。在设施作物种植中，常用的覆膜滴灌布设措施包括覆膜方式、滴灌毛管密度、灌水下限，滴灌供水方式包括地表滴灌、地下滴灌、交替滴灌等。不同的覆膜滴灌模式对土壤水分分布、迁移造成不同影响，在一定的肥力、气候、土壤基质条件下，特别是干旱、半干旱地区，土壤水分迁移、分布将对"土壤—根系—微生物及酶"构成的微环境的动态发展起决定作用，因此有必要通过覆膜滴灌布设措施（覆膜方式、滴灌毛管密度、灌水下限）和滴灌供水方式（地表滴灌、地下滴灌、交替滴灌）对根区土壤微环境进行调节，研究土壤微生物群落结构，以及根区土壤微生物、土壤酶、作物根系三者交互作用对根区土壤水热环境变化的响应，分析根区"土壤—根系—微生物及酶"动态变化对土壤氮磷等养分活化和吸收、作物生长、光合产物分配、产量和品质、土壤温室气体排放等的影响，从作物根区"土壤—根系—微生物及酶"角度比较不同覆膜滴灌的影响，为完善设施种植灌溉制度和实现作物优质高产提供参考。

第 2 章 研究思路、内容和方法

2.1 研究思路

本书以根区土壤为中心，利用覆膜滴灌技术常用的覆膜滴灌布设措施（覆膜方式、滴灌毛管密度、灌水下限）和滴灌供水方式（地表滴灌、地下滴灌、交替滴灌）等农艺措施调节根区土壤水、热环境，研究土壤微生物、细菌群落结构，以及根区土壤微生物、土壤酶、作物根系三者交互作用对根区土壤水热环境变化的响应，分析根区"土壤—根系—微生物及酶"动态变化对土壤氮磷等养分活化和吸收、作物生长、光合产物分配、产量和品质、土壤温室气体排放等的影响，评价不同覆膜滴灌模式的效应，为完善灌溉制度和实现设施作物优质高产的灌溉决策提供参考。具体的研究技术路线如图 2-1 所示。

2.2 研究内容

2.2.1 覆膜滴灌布设措施和供水方式对作物根区土壤环境的影响

测定土壤含水率、土壤温度、土壤 pH，研究覆膜方式、滴灌毛管密度、灌水下限及 3 种覆膜滴灌布设措施交互作用，滴灌供水方式（地表滴灌、地下滴灌、交替滴灌）对作物生育期内根区土壤环境的影响，确定能形成较适宜作物根区土壤环境的覆膜滴灌布设措施和供水方式。

2.2.2 覆膜滴灌布设措施和供水方式对根区土壤微生物和土壤酶的影响

测定作物生育期内根区土壤微生物、土壤脲酶和磷酸酶，研究

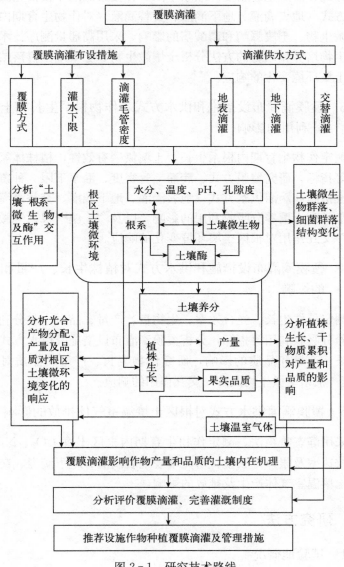

图 2-1　研究技术路线

覆膜方式、滴灌毛管密度、灌水下限3种覆膜滴灌布设措施及滴灌供水方式（地表滴灌、地下滴灌、交替滴灌）对作物生育期内根区土壤微生物、土壤脲酶和磷酸酶的影响，采用高通量测序技术和传统微生物培养相结合的方法分析土壤微生物、土壤细菌群落结构对根区土壤环境变化的响应。

2.2.3 覆膜滴灌布设措施和供水方式对作物根系生长和土壤养分利用的影响

测定作物生育期内根系生长，土壤氮磷有效性，植株体氮、磷含量等指标，研究覆膜方式、滴灌毛管密度、灌水下限3种覆膜滴灌布设措施和滴灌供水方式（地表滴灌、地下滴灌、交替滴灌）对根系生长和土壤养分吸收利用的影响，以及"土壤—根系—微生物及酶"交互作用对根区土壤环境变化的响应。

2.2.4 覆膜滴灌布设措施和供水方式对植株生长、产量和品质的影响

测定植株生长、光合效率、生物量、产量、品质、水分利用效率、养分吸收利用等指标，分析覆膜滴灌布设措施及供水方式对植株生长、产量和品质的影响，研究作物生长、产量和品质对根区"土壤—根系—微生物及酶"交互作用的响应。

2.2.5 覆膜滴灌供水方式对根区土壤温室气体排放的影响

采用静态暗箱法，测定作物生育期内根区土壤 CO_2、N_2O 气体排放速率及累计排放量，研究常规地表滴灌、地下滴灌、交替滴灌对土壤温室气体产生及排放的影响。

2.3 研究方法

2.3.1 试验地概况

试验在陕西省杨凌区大寨乡大寨村的日光温室内进行，试验日

光温室长 108 m（东西走向）、宽 8 m（南北走向）。试验地位于东经 108°08′、北纬 34°16′，海拔 521 m，属于暖温带半湿润季风区，年均气温约 16.3 ℃，年平均降水量为 535.6 mm，年均日照时数为 2 163 h，年均无霜期为 210 d。供试土壤容重为 1.34 g/cm³，田间持水量为 28.17%（质量含水率）。土壤组成（质量比）：沙砾（2～0.02 mm）占 25.4%，粉粒（0.02～0.002 mm）占 44.1%，黏粒（<0.002 mm）占 30.5%，土壤孔隙度为 49.38%。土壤类型为搂土，pH 8.21，基本养分状况为：有机质 16.48 g/kg、全氮 0.96 g/kg、全磷 0.36 g/kg、全钾 10.4 g/kg。

2.3.2　试验设计

1. 覆膜滴灌布设措施试验设计

试验于 2014 年 4—7 月进行，种植作物为甜瓜，在温室内从西向东划分种植小区。种植小区起双垄，长 5.7 m，垄面宽 0.8 m，高 0.2 m，沟宽 0.4 m，每小区面积为 4.6 m²。每小区定植 30 株，采用双行种植，植株间距 0.6 m。试验地两端设保护行。

试验采用 3 因素 3 水平正交试验设计，选用 L9（3⁴）正交表，设覆膜方式（P）、滴灌毛管密度（T）、灌水下限（L）3 个因子。

覆膜方式有全覆膜（P_F）、半覆膜（P_H）和无膜（P_N）3 个水平（图 2-2），全覆膜为栽培小区的沟垄及栽培行间全部覆膜，半覆膜为仅对栽培沟垄覆膜，无膜为栽培小区内不进行覆膜。地膜（江苏省靖江市新丰塑料厂）为白色透光高压低密度聚乙烯地膜，膜厚度 0.014 mm。

滴灌毛管密度设 1 管 1 行（T_1）、3 管 4 行（$T_{3/4}$）和 1 管 2 行（$T_{1/2}$）3 个水平（图 2-3）。1 管 1 行的毛管与植株种植行重合，每个种植行铺设 1 条毛管。3 管 4 行的毛管铺设在 2 个植株种植行中间，毛管与植株距离为 30 cm，连续 4 个植株行间铺设 3 条毛管作为 1 组，每组之间空 1 个植株种植行。1 管 2 行的毛管铺设在 2 行植株中间，毛管与植株距离为 30 cm，连续 2 条毛管间有 2 行植株。滴灌管（甘肃大禹节水集团股份有限公司）为内镶式扁平

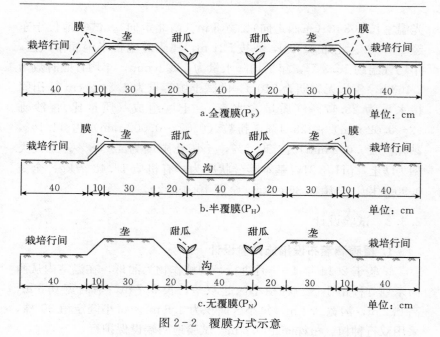

a.全覆膜(P_F)   单位：cm

b.半覆膜(P_H)   单位：cm

c.无覆膜(P_N)   单位：cm

图2-2 覆膜方式示意

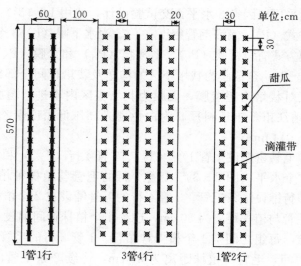

1管1行   3管4行   1管2行

图2-3 滴灌毛管密度示意

滴灌，直径 16 mm，壁厚 0.3 mm，滴头间距 30 cm，工作压力为 0.1 MPa，滴头流量为 1.2 L/h。

灌水下限的设置主要参考了杨凌当地瓜农的种植经验和相关的研究（李毅杰等，2012；王洪源等，2010）。灌水下限设田间持水量（F）的 60%（L60）、70%（L70）和 80%（L80）3 个水平，对应的上限分别为田间持水量的 65%、75% 和 85%。

试验共 9 个处理，每个处理重复 3 次，共 27 个试验小区。试验因素及正交设计结果列入表 2-1。

表 2-1　试验因素及正交设计

编号	试验因素				试验处理	日光温室内试验处理编号
	1	2	3	4		
	覆膜方式	滴灌毛管密度	灌水下限			
1	P_F（1）	T_1（1）	L80（1）	（1）	$P_F T_1 L80$	处理 1
2	P_F（1）	$T_{3/4}$（2）	L70（2）	（2）	$P_F T_{3/4} L70$	处理 6
3	P_F（1）	$T_{1/2}$（3）	L60（3）	（3）	$P_F T_{1/2} L60$	处理 5
4	P_H（2）	T_1（1）	L70（2）	（3）	$P_H T_1 L70$	处理 9
5	P_H（2）	$T_{3/4}$（2）	L60（3）	（1）	$P_H T_{3/4} L60$	处理 8
6	P_H（2）	$T_{1/2}$（3）	L80（1）	（2）	$P_H T_{1/2} L80$	处理 4
7	P_N（3）	T_1（1）	L60（3）	（2）	$P_N T_1 L60$	处理 7
8	P_N（3）	$T_{3/4}$（2）	L80（1）	（3）	$P_N T_{3/4} L80$	处理 3
9	P_N（3）	$T_{1/2}$（3）	L70（2）	（1）	$P_N T_{1/2} L70$	处理 2

注：以 P_F（1）为例，P_F 表示实际试验中的全覆膜因素水平，（1）表示正交设计中的试验因素水平编号，其余相同。

每个小区中间安装 1 根深度为 100 cm 的探管，按 10 cm 的等间距测试土壤含水率，测至 60 cm 土层，每次灌水后加测。当土壤含水率达到土壤水分下限时，按照湿润层 40 cm 进行计算补充水分。灌水量计算见式（2-1）：

$$M = s\rho_b ph\theta_f (q_1 - q_2) / \eta \qquad (2-1)$$

式中，M 为灌水量，m^3；s 为计划湿润面积，取值 4.6 m^2；ρ_b 为土壤容积密度，取值 1.35 g/m^3；p 为湿润比，取值 0.8；h 为湿润层深度，取值 0.4 m；θ_f 为田间最大持水量，取值 31.54%；q_1、q_2 分别为灌水上限、土壤实测含水率，%；η 为水分利用系数，取值 0.95。

2. 覆膜滴灌土壤水盐运移试验设计

试验于 2014 年 10 月至 2015 年 5 月进行。在试验温室内从西向东划分种植小区，种植小区起双垄（长 6.0 m，垄面宽 0.6 m，高 0.2 m，沟宽 0.3 m），小区面积为 3.6 m^2。试验设置常规地表滴灌和覆膜地表滴灌 2 个处理，常规地表滴灌不进行地膜覆盖，覆膜地表滴灌铺设的地膜为白色透光高压低密度聚乙烯地膜（江苏省靖江市新丰塑料厂生产，膜厚 0.014 mm）。每个处理设置 3 个重复，共 6 个试验小区。每个小区定植番茄 34 株，采用双行种植，植株间距 0.30 m。滴灌管位于两行番茄中间，滴头间距 30 cm，每个滴头在相邻两行的两个植株之间。根据笔者课题组前期的试验结果及当地农民生产实践，灌水量为田间持水量的 70% 即可满足番茄生长需求，因此本试验设置的灌水上、下限分别为田间持水量的 75% 和 70%。为防止水分侧渗，试验小区之间用塑料膜隔离。

番茄定植后，在每个试验小区随机选择滴灌管的一个滴头作为定点，在定点处布设 1 根深度为 100 cm 的探管，探管紧贴滴头外侧，沿垂直于滴灌管的方向，依次由定点探管向外再布设 2 根探管。3 根探管呈直线与滴灌管垂直，探管之间间距为 15 cm，用于监测土壤水分、盐分迁移。

3. 覆膜滴灌供水方式试验设计

试验于 2014 年 10 月至 2015 年 5 月进行。试验温室东西长 108 m，南北宽 8 m。试验作物为番茄，品种为"海地"。在试验温室内从西向东划分种植小区，种植小区起双垄，小区面积为 3.6 m^2（长 6.0 m，垄面宽 0.6 m，高 0.2 m，沟宽 0.3 m）。每个小区定植 34 株，采用双行种植，植株间距 0.35 m。试验地两端均设保护行。

根据覆膜滴灌布设措施的试验结果，此试验的覆膜方式都采用半膜覆盖方式、滴灌毛管布设方式采用 1 管 2 行。

试验设覆膜地表滴灌作为对照（CK），滴灌管位于番茄行中间，灌水下限为田间持水量的 70%，上限为田间持水量的 75%。灌水下限的设置主要参考了杨凌当地农民的种植经验和相关研究（范凤翠等，2010；王峰等，2010；王峰等，2011）。

交替滴灌试验：设置 3 个交替覆膜滴灌处理，灌水下限分别为田间持水量的 50%（A50）、60%（A60）和 70%（A70），上限分别为田间持水量的 55%、65% 和 75%。在每个种植小区两端距离番茄植株根部 40 cm 处分别铺设一条滴灌管，每次灌水仅打开种植小区一侧的滴灌管，下次灌水打开另一侧的滴灌管，两侧滴灌管交替灌水，灌水周期为 15～20 d。每个处理设 3 个重复，共 12 个种植小区。

地下滴灌试验：设置 3 个覆膜地下滴灌处理，滴灌管位于番茄行中间，埋深分别为 10 cm（S10）、20 cm（S20）、30 cm（S30），考虑到地下滴灌比地表滴灌更节水，地下滴灌的灌水下限设为田间持水量的 60%，上限为田间持水量的 65%。每个处理设 3 个重复，共 12 个试验小区。

3 个试验铺设的地膜均为白色透光高压低密度聚乙烯地膜（江苏省靖江市新丰塑料厂生产），膜厚 0.014 mm。铺设的滴灌管为内镶式扁平滴灌管（大禹节水集团股份有限公司），直径 16 mm，壁厚 0.3 mm，滴头间距 30 cm，工作压力为 0.1 MPa，滴头流量为 1.2 L/h。水分控制与监测方法同前文。

2.3.3　试验方法

1. 样品采集

植株试验样品及果实采集：果实开始成熟时，在每个处理对应的每个种植小区，随机选取 3 株植株，并编号标记。果实采摘时，将果实与植株对应编号标记并称重（采用精度 0.01 g 的电子天平）。果实采摘结束后，将提前标记好的番茄植株割掉地上植株部分，收集编号，用于分析植株的干物质重及营养成分。

土壤样和根样采集：采集植株的根围土进行土壤酶、土壤微生物等指标测定。在每个小区随机选取长势均匀的 3 株植株，割掉地上植株部分，以相邻植株间距中线为边界，甜瓜土样采集按照 50 cm×40 cm 的矩形区域挖掘（深度约 35 cm），番茄土样采集以 40 cm×30 cm 的矩形区域挖掘（深度与实际根深约 50 cm）。然后整体取出根样，将根系间大块土壤去除，用力将根系上的土壤抖落在事先经过高温灭菌的洁净滤纸上，将滤纸装进灭菌的平皿中带回实验室，在超净台中用灭菌的镊子去除其中的根系残茬，此为作物根区土壤。采集到的甜瓜根区新鲜土样保存于 4 ℃冰箱，采集到的番茄根区土样分成两份装入无菌塑料试管中，一份（约 50 g）保存于−80 ℃冰箱备用，一份（约 10 g）用干冰运输到上海的高通量测序平台进行土壤细菌多样性分析。甜瓜根区土样采集分别于 2014 年 5 月 22 日（苗期）、6 月 12 日（开花坐果期）、6 月 24 日（果实膨大期）和 7 月 14 日（成熟期）进行。番茄根区土样分别于 2014 年 12 月 21 日（开花坐果期）、2015 年 1 月 23 日（盛果期）、4 月 23 日（成熟期）进行采集。

将以上步骤中取出的作物根样装入网格直径为 0.5 mm 的网袋，在实验室用水浸泡后，用水冲洗使土壤与根分离，冲洗时在冲洗池中铺三层细纱布收集微细根，用镊子将洗净的根样装入自封袋，用于根系分析。

2. 土壤含水率、温度、pH 测定

采用美国 Spectrum 公司生产的 Field TDR 200 测定土壤含水率，深度测至 60 cm，并用打钻取土、烘干法校正；土壤温度用地温计测定，在每个试验小区中部的垂直方向，将地温计布置在 5 cm、10 cm、15 cm、20 cm、25 cm 土层，每 5 d 测一次，每次测定的时间为 10:00 左右。为降低天气变化的影响，取日光温室内空气温度为 28～30 ℃时的土壤温度计算平均值，单位为℃。土壤 pH 用 pHB-4 型酸度计测定（土水比为 1:5），土样为采集的根区土，测定 3 次取平均值。

3. 土壤酶测定

对采集的植株根区土样进行土壤酶活性测定。土壤脲酶活性采用苯酚-次氯酸钠比色法测定（关松荫，1986），酶活性使用每克土 24 h 后所生成的 $NH_3 - N$ 质量表示，单位为 $mg/(g \cdot d)$。土壤磷酸酶活性采用磷酸苯二钠比色法测定（关松荫，1986），以 24 h 后每克土壤中释放酚的质量表示磷酸酶活性，单位为 $mg/(g \cdot d)$。

4. 土壤微生物测定

（1）甜瓜根区土壤微生物测定 用无菌水制备根区土壤悬浮液，用平板稀释法测定真菌、细菌和放线菌数量，分别采用马丁氏培养基、牛肉膏蛋白胨培养基和改良高氏 1 号培养基进行稀释分离，之后放入 37 ℃、25 ℃温箱内培养，每天观察菌落生长情况，及时计数。每次每处理每种微生物各分离 4 个皿（重复 4 次），求平均值。

（2）番茄根区土壤微生物测定 土样为采集的根区土壤，主要分析步骤为：

① DNA 提取和检测。采用土壤试剂盒 E. Z. N. A. ® soil DNA Kit（Omega Bio - tek，Norcross，GA，U. S.）提取土样细菌 DNA，采用 DNA 纯化试剂盒 DNA purification kit（DP209，Tiangen Biotechnology Co.，Ltd，Beijing，China）对提取的 DNA 进行纯化；采用超微量分光光度计 ND 2000 Nanodrop（Thermo Scientific，Waltham，MA，USA）对 DNA 浓度和质量（OD_{260}/OD_{280}）进行检测，采用 1% 琼脂糖凝胶电泳（Amresco，OH，USA）检测 DAN 完整性。将纯化 DNA 保存到 -20 ℃冰箱，用于后续的 PCR 和 MiseqIllmumina 测序分析。

② PCR 扩增。反应体系（20 μL）为：4 μL 5 × FastPfuBuffer，2 μL 2.5 mmol/L dNTPs，0.8 μL Forward Primer（5 μmol/L），0.8 μL Reverse Primer（5 μmol/L），0.4 μL FastPfu Polymerase，10 ng 样品 DNA，补双蒸水至 20 μL。

PCR 仪为 ABI GeneAmp® 9700 型。PCR 反应参数为：a. 1×（3 min，95 ℃），b. 27×（30 s，95 ℃；30 s，55 ℃；45 s，72 ℃），

c. 10 min，72 ℃，10 ℃ until halted by user。每个样品扩增设置 3 个重复。

以 338F 5'－ACTCCTACGGGAGGCAGCAG－3'和 806R5'－GGACTACHVGGGTWTCTAAT－3'为引物，采用 DNA 反转录酶 TransGen AP221－02：TransStart Fastpfu DNA Polymerase，对细菌 16 S 核糖体 RNA 的 V3 至 V4 区进行 PCR 扩增。

③ DNA 测序。取 3 μL 扩增产物，采用 2‰琼脂糖凝胶电泳检测，利用 DNA 凝胶回收试剂盒 AxyPrep DNA Gel Extraction Kit（Axygen Biosciences，Union City，CA，U. S.）对扩增产物进行纯化，采用 QuantiFluor™－ST 荧光计仪（Promega，U. S.）进行定量。采用 Illumina MiSeq 平台，上机对纯化扩增产物进行双向末端配对测序，获得样品 DNA 测序结果。

④ 测序数据处理。对 Miseq 测序得到序列数据进行拼接，并采用 QIIME（Quantitative Insights Into Microbial Ecology，version 1.17）软件对 DNA 原始序列质控过滤，得到有效序列。在 97‰的相似水平下，对 DNA 序列进行 OTU（operational taxonomic units）归类操作。随后进行 OTU 生物信息统计分析。

番茄根区土壤亚硝化细菌和反硝化细菌采用最大或然计数法（MPN）进行测定（林先贵，2010）。MPN 方法在测定细菌数量时不够精确，但所有土样采样、测定同步，结果仍具有一定的可比性（Davidson et al.，1985）。

5. 土壤气体测定

土壤 CO_2、N_2O 气体采用静态暗箱法进行原位采集。静态箱根据试验需要定制，由箱体和底座两部分构成，材料为不锈钢板，板厚 1 mm。外箱体规格为 40 cm×40 cm×50 cm（长×宽×高），内箱体规格为 35 cm×35 cm×50 cm（长×宽×高），外箱体表面包裹泡沫和反光膜来保温，箱体内安装小风扇（采集气体时用来混匀气体），外箱体底部安装三通阀取样口。底座规格为 40 cm×40 cm×5 cm（长×宽×高），底座上制成宽度 3 cm 的凹槽，底座 4 个角下焊接入土楔子（长度 10 cm）。作物定植后，将底座安装到种植小区，底座与土壤紧贴、凹槽上沿与地表保持水平，作物生育期内不再移动，避免对土壤造成扰动。采集气体时，将底座凹槽内注水，嵌入箱体，形成密闭采集箱。

2014 年 11 月 10 日起进行土壤气体采集，每隔 10 d 采样一次，直到番茄收获。箱体密封后，打开风扇电源，运行 1 min 使箱内气体混合均匀，此时记为 0 时刻，在 0 min、15 min、30 min 和 45 min 这 4 个时刻，采用 50 mL 医用注射器连续采集土壤气样，用于气体排放通量分析。采样时，采用安插在箱体顶部的温度计测量箱内温度，采用离地 1.5 m 的温度测量空气温度。土壤气体用 Agilent 7890 B 气相色谱仪（Agilent Technologies 7890A GC System，America）进行分析：CO_2 用 FID 检测器分析，柱温 80 ℃，检测器温度 200 ℃，载气为氮气，流速 40 mL/min，燃气为氢气，流速 35 mL/min，助燃气为空气，流速 350 mL/min；N_2O 用 ECD 检测器分析，柱温 80 ℃，检测器温度 320 ℃，载气为氩甲烷，流速 30 mL/min。气体排放通量计算见式（2-2）：

$$F = \rho \cdot h \cdot \frac{273}{273+T} \cdot \frac{dc}{dt} \qquad (2-2)$$

式中，F 为气体排放通量，mg/(m^2·h)，ρ 为标准状态下气体密度，g/cm^3；h 为采样箱体的高度，m；T 为箱内温度，℃，$\frac{dc}{dt}$ 为气体浓度变化率，mL/(m^3·h)。

6. 土壤孔隙度测定

试验中对番茄种植土壤的孔隙度进行了测定。果实收获后，在每个处理种植小区种植沟内按 S 形设置 3 个采样点，在 0～40 cm 土壤剖面，每隔 10 cm，用容积为 100 cm^3 的环刀取土样，带回实验室内烘干测定土壤容重。容重计算见式（2-3）：

$$d = (W_1 - W_0) \times (1-W)/V \qquad (2-3)$$

式中，d 为土壤容重，g/cm^3；W_1 为环刀与自然结构土壤总重量，g；W_0 为环刀重量，g；W 为新鲜土壤含水量，%；V 为环刀容积，cm^3。

根据土壤容重，进行土壤孔隙度计算，孔隙度计算见式（2-4）：

$$P = \left(1 - \frac{d}{\rho}W\right) \times 100\% \qquad (2-4)$$

式中，P 为土壤孔隙度，%；d 为土壤容重，g/cm³；ρ 为土壤密度，取常用值 2.65 g/cm³。

7. 株高与茎粗测定

作物定植后，于每个试验小区标记 3 株植株，排除边际效应的植株。开始试验处理后，观测株高和茎粗，使用精度 1 mm 的直尺测量植株株高，打顶后停止测量。采用十字交叉法，使用游标卡尺，选取植株基部的第 3 处节间测量植株直径。甜瓜植株每 5 d 观测一次，番茄植株每 10 d 观测一次。

8. 净光合速率、叶面积指数、光合色素测定

用 LI-6400 便携式光合仪测定作物植株主茎叶片净光合速率，仪器使用开放式气路，内置光源，光照度为 800 μmol/(m² · s)。测定时每个处理随机选择 3 株植株，每株选择 3 片叶位一致、充分受光的叶片，每片叶片测定 3 次，取平均值。每次光合速率测定完成后，在当天下午采集叶片，带回实验室采用丙酮浸提液提取色素，用分光光度计分别于 665 nm、649 nm 处测定叶片叶绿素 a、叶绿素 b、类胡萝卜素的吸光值，每个处理重复 3 次，取平均值。总叶绿素＝叶绿素 a＋叶绿素 b，单位为 mg/g，叶绿素 a/b＝叶绿素 a/叶绿素 b。同时，采用手持式 LI-3100C 叶面积仪测定各处理叶面积指数。

甜瓜植株叶片的光合速率分别于开花期、坐果期、果实成熟期（2014 年 5 月 15 日、6 月 17 日和 25 日、7 月 14 日的 9:00—11:00）进行测定；番茄植株叶片的光合速率分别于开花坐果期、盛果期Ⅰ、盛果期Ⅱ、果实成熟期（2015 年 1 月 2 日、2 月 4 日、3 月 18 日、4 月 15 日的 9:00—11:00）进行测定。

9. 根系生长指标测定

将采集到的根样用双面扫描仪（Epson Expression 1600 pro，Model EU-35，Japan）扫描，用 WinRHIZO 图像分析系统

（WinRHIZO Pro2004b5.0，Canada）分析总根长（cm）、根表面积（cm²）等。取部分根样，用 TTC 法测定根系活力。

10. 产量、生物量、品质测定

果实成熟后分区采摘，各试验小区单株产量总和计为该小区产量，单位为 t/hm²。采集到的植株样在实验室中称量鲜重后，在鼓风干燥箱中烘干（105 ℃杀青 30 min 后在 75 ℃条件干下烘干 36 h 至恒重），采用精度 0.01 g 的电子天平称取干重。采集到的根样烘干后称重。

果实的可溶性糖含量采用蒽酮比色法测定，可溶性固形物含量采用手持折光测糖仪测定，有机酸含量采用酸碱滴定法测定，维生素 C 含量采用钼蓝比色法测定，可溶性蛋白含量采用考马斯-G250 染色法测定，番茄红素采用 EV300PC 型紫外-可见分光光度计（Thermo Fisher，美国）测定。

11. 土壤及植株养分测定

全氮采用半微量凯氏定氮法测定，全磷采用硫酸-高氯酸钼锑抗比色法测定，有机质采用重铬酸钾滴定法测定，土样分别于作物定植后和果实收获后采集。计算根重比、果实重比、植株重比和氮肥偏生产力。根重比（root mass ratio，RMR）＝根生物量/总生物量，果实重比（fruit mass ratio，FMR）＝果实重/总生物量，植株重比（plant mass ratio，PMR）＝植株生物量/总生物量，氮肥偏生产力（nitrogen partial factor productivity，NPFP）＝甜瓜产量/氮肥施用量。

2.3.4　数据处理

采用 SPSS 22.0 软件对基础数据进行多重比较及交互作用、方差、极差、相关性分析，采用 Excel 软件做表、做图；采用 R 语言对细菌群落进行聚类分析、主坐标分析（PCoA）、冗余分析（RDA）并做图。

第3章　覆膜滴灌对设施作物根区
土壤环境的影响

在设施作物种植中，覆膜滴灌要兼顾灌水量、覆膜方式、滴灌毛管密度等因素。不同灌水量下限是影响根区土壤环境的直接和基础因素，决定了灌水频率和灌水量。覆膜可以减少水分蒸发，抑制土壤盐分由较深层土壤向上迁移（Skaggs et al., 2010），具有保温保墒作用，但也会阻碍土壤与大气之间的水、气交流。不同的覆膜方式会导致土壤水、热、气运移的差异（王卫华等，2015），滴灌毛管密度对土壤水热分布的均匀性有重要影响（蔡焕杰等，2002；杨艳芬等，2009）。水分作为土壤养分运移的载体，不同的土壤水分分布将造成作物根区土壤盐分、热量的空间异质性差异。滴灌不同的供水方式（地表滴灌、地下滴灌、交替滴灌）更会形成不同的土壤水热分布及迁移，影响根区土壤环境。这将最终影响作物根系对水分、养分的吸收，以及作物生长状况和产量。因此，本章研究了设施覆膜滴灌布设措施（覆膜方式、滴灌毛管密度、灌水下限）和滴灌供水方式（地表滴灌、地下滴灌、交替滴灌）对作物根区土壤环境的影响。

3.1　覆膜滴灌布设措施对土壤含水率均匀度、温度和pH 的影响

以设施甜瓜为研究对象（试验设计见第 2 章），研究了覆膜方式、滴灌毛管密度和灌水下限及其交互作用对土壤含水率均匀度、温度和 pH 的影响。

3.1.1　土壤含水率均匀度

对甜瓜生育期内 0～60 cm 土层的土壤平均含水率进行极差分析，研究覆膜方式、滴灌毛管密度和灌水下限及其交互作用对 0～60 cm 土壤含水率极差值的影响，见图 3-1。

由图 3-1 可知，随覆膜程度的减小，0～60 cm 土壤含水率极差值先减后增，半膜覆盖时最小，水分分布均匀度最高。覆膜方式与滴灌毛管密度交互作用对 0～60 cm 土壤含水率极差值的影响整体趋势为：无膜覆盖（P_N）与 3 种滴灌毛管密度交互作用的土壤含水率极差值都较高，半膜覆盖与 3 种滴灌毛管密度交互作用的土

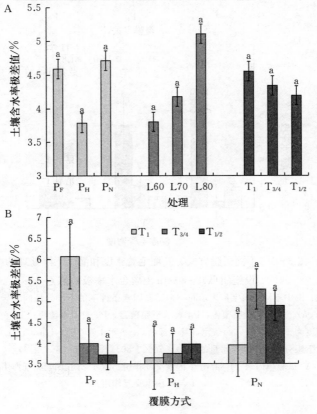

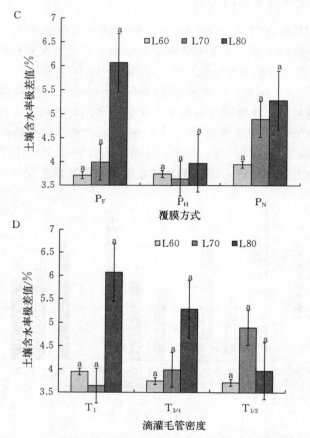

图 3-1　不同覆膜方式、滴灌毛管密度和灌水下限处理的
设施甜瓜 0~60 cm 土壤含水率极差值

注：图中不同小写字母表示同一个试验因素条件下的不同处理间差异达显著（$P<0.05$）。P_F 表示全膜覆盖，P_H 表示半膜覆盖，P_N 表示不覆膜；T_1 表示滴灌毛管密度为 1 管 1 行，$T_{3/4}$ 表示 3 管 4 行，$T_{1/2}$ 表示 1 管 2 行；L60、L70、L80 代表灌水下限分别为田间持水量的 60%、70%、80%。下同。

　　A. 试验单因素　B. P 与 T 因素交互作用　C. P 与 L 因素交互作用
D. T 与 L 因素交互作用

壤含水率极差值都较低，水分均匀度更好。覆膜方式与灌水下限交互作用的 0～60 cm 土壤含水率极差值，整体上随灌水下限的升高而增大，半膜覆盖与 3 种灌水下限交互作用的土壤含水率极差值都较低。覆膜提高了土壤温度，地温升高能提高土壤水势，促进水分在土壤中的运动，同时，覆膜阻隔了土壤水分与大气的交换，因而可能造成膜下局部土壤的水分分布更均匀。无膜土壤水分与大气交换频繁，土壤温度变化大，土壤水分运动差异也大，因而造成土壤水分分布相对不均匀。半膜覆盖兼具无膜和全膜覆盖的优点，可能更有利于水分的均匀分布。

随着灌水下限的升高，0～60 cm 的土壤含水率极差值依次增大，说明灌水量的增加造成了 0～60 cm 土壤水分分布不均匀度增加；随滴灌毛管密度的降低，0～60 cm 土壤含水率极差值呈减小趋势，1 管 2 行最小，水分均匀度最高，3 管 4 行次之。滴灌毛管密度与 60％田间持水量灌水下限交互作用的 0～60 cm 土壤含水率差值都较低，水分均匀度更高。80％田间持水量灌水下限与滴灌毛管密度交互作用的 0～60 cm 土壤含水率极差值随着滴灌毛管密度的降低而减小，80％田间持水量灌水下限与 1 管 2 行的交互值最小。

因此，半膜覆盖、60％田间持水量灌水下限、3 管 4 行或 1 管 2 行布置的 0～60 cm 土壤含水率极差小、分布均匀度高，半膜覆盖、80％田间持水量灌水下限、1 管 2 行次之。

3.1.2　土壤温度

表 3-1 为覆膜方式、滴灌毛管密度和灌水下限交互作用对土壤温度的影响。

表 3-1　覆膜方式、滴灌毛管密度和灌水下限交互作用对土壤平均温度的影响

因素	显著性	极差值	因素水平		
P	*	1.10	P_F: 25.81a	P_H: 25.48ab	P_N: 24.71b
T	ns	0.41	T_1: 25.38a	$T_{3/4}$: 25.10a	$T_{1/2}$: 25.51a

（续）

因素	显著性	极差值	因素水平		
L	**	1.28	L60：25.38ab	L70：24.67b	L80：25.95a
P×T	*				
T×L	ns				
P×L	ns				

注：*代表差异达显著（$P<0.05$），**代表差异达极显著（$P<0.01$），ns代表不显著，不同小写字母表示同一因素不同水平处理间差异达显著（$P<0.05$）。下同。

由表 3-1 可知，覆膜方式对土壤平均温度具有显著的影响，随覆膜程度的减小而降低，全膜覆盖最高，无膜最低，但半膜与全膜覆盖之间差异不显著。原因可能是无膜土壤的水分蒸发量大，土壤吸热和散热快，造成土壤积温低；全膜覆盖减少了土壤水分蒸发，膜下湿度大，增加了土壤的热容体积，因此有利于保温，土壤温度相对高；半膜覆盖介于无膜与全膜覆盖之间，与大气保持部分联系，因此土壤温度高于无膜但略低于全膜覆盖。

灌水下限对土壤平均温度具有极显著的影响，随灌水下限的升高呈先降低后升高的趋势，80%田间持水量灌水下限最高，70%田间持水量灌水下限最低，80%与60%田间持水量灌水下限之间差异不显著。土壤湿度增加使表层土壤容积热容量增大，会降低土壤温度，但当土壤含水率进一步增加时，由于水的比热容大而散热慢，因而造成土壤温度升高。

滴灌毛管密度对土壤平均温度无显著影响，但与覆膜交互作用对土壤平均温度具有显著影响。极差分析表明，土壤平均温度受灌水下限影响最大、覆膜方式次之、滴灌毛管密度最小。进一步分析了覆膜方式与滴灌毛管密度交互作用对土壤温度的影响，结果见图 3-2。

由图 3-2 可知，整体上无膜与 3 种滴灌毛管密度交互作用的土壤平均温度较低，全膜、半膜覆盖较高。半膜覆盖与 1 管 2 行交互作用的土壤平均温度整体上较高，与 3 管 4 行交互作用次之。因此，全膜覆盖、80％田间持水量灌水下限、1管2行布置的土壤0～25 cm温度较高，次优选择是半膜覆盖、80％田间持水量灌水下限、1管2行布置。

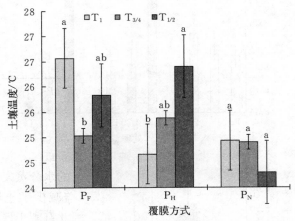

图3-2 P与T因素交互作用的土壤平均温度

3.1.3 土壤pH

由图3-3可知，随覆膜程度的减小，土壤pH呈增大趋势。随灌水下限的升高、滴灌毛管密度的降低，土壤pH呈减小趋势。覆膜滴灌水分在土壤中的入渗形式类似于点源入渗，土壤水分和盐分迁移速度相对较慢。随着灌水下限的增大，土壤盐分随水分运动加快，有利于甜瓜根际土壤盐分的迁移，形成盐分淡化区，造成土壤pH下降；1管1行的毛管布设与甜瓜植株根部距离最小，因而可能造成了土壤盐分更多随土壤水分垂直向下运动而在甜瓜根际土壤积累，因而pH增大。1管2行和3管4行的毛管布设与甜瓜植株根部距离为30 cm，甜瓜根部垂直向下位于毛管湿润体范围内，处于盐分浓度较低的淡化区，因而pH略降低。由3种因素的交互作用可知，整体上1管2行、80％田间持水量灌水下限与全膜、半膜覆盖交互作用的土壤pH较低。

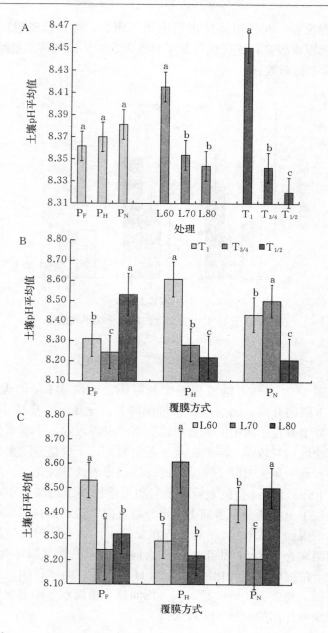

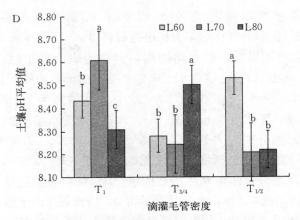

图 3 - 3　试验因素及其交互作用对根际土壤 pH 的影响
A. 单试验因素　B. P 与 T 因素交互作用
C. P 与 L 因素交互作用　D. T 与 L 因素交互作用

3.2　覆膜滴灌土壤水盐运移规律及对根区环境特性的影响

为探明覆膜滴灌条件下，灌水周期内作物根区土壤水盐运移规律，以及其对"根区土壤—土壤微生物和酶—作物根系"交互作用的影响，进一步提高水肥利用效率和完善精确灌溉制度，以设施番茄为研究对象，对比研究了常规地表滴灌和覆膜地表滴灌对番茄根区土壤水分、盐分的动态变化的影响，以及对番茄根系生长、土壤微生物及酶的影响，并分析了根区土壤环境因子、土壤微生物及酶、根系生长之间的关系（试验设计见第 2 章）。

3.2.1　覆膜滴灌对土壤水分运移的影响

灌水下限为田间持水量（31.54%）的 70%，即土壤含水量（质量含水量）为 22%。试验中土壤水分含量测定范围为：以滴头附近（番茄根部）为中心，以垂直于滴头的水平方向 30 cm、垂直方向 55 cm 形成的矩形（1 650 cm²）。因此，在灌水周期内，土壤水分运移速率以土壤含水率≤20％土壤面积占矩形面积（1 650 cm²）比例的变化速率为标准进行衡量。

由图3-4可知，灌水周期内，常规地表滴灌土壤，灌水后1 d、3 d、6 d、11 d土壤含水率≤20％的土壤面积占矩形面分别为6.71％、14.56％、61.35％、80.33％，平均增速为7.36％/d。覆膜滴灌土壤，灌水后1 d、3 d、6 d、11 d土壤含水率≤20％的土壤面积占矩形面分别为7.16％、14.58％、45.98％、61.33％，平均增速为6.13％/d，显著滞后于常规地表滴灌（$P<0.05$）。常规地表滴灌土壤水分整体在垂直方向上由土壤深层向表层运移、在水平方向上向番茄根部运移，水分分布不均匀，灌水周期内土壤含水率≥土壤灌水下限（22％）的恒定区域为距滴头（番茄根部）水平方向0～5 cm、垂直方向20 cm以上区域（面积为100 cm²）。覆膜地表滴灌土壤水分分布相对均匀，灌水周期内土壤含水率≥土壤灌水下限（22％）的恒定区域为距滴头（番茄根部）方向水平0～30 cm、垂直方向20 cm以上区域（面积为600 cm²），为常规地表滴灌的5倍（$P<0.05$）。

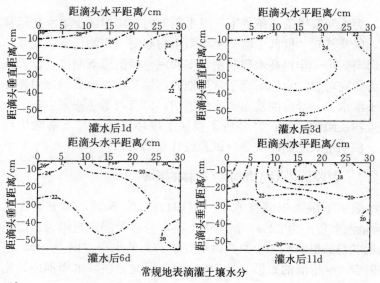

常规地表滴灌土壤水分

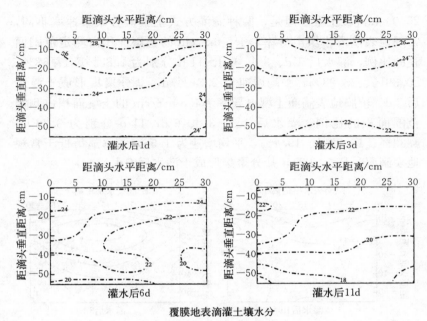

覆膜地表滴灌土壤水分

图 3-4　根区土壤水分运移

注：图中等值线代表土壤体积含水率（%）。

3.2.2　覆膜滴灌对土壤盐分运移的影响

　　研究表明，土壤电导率与土壤可溶性盐含量显著相关，土壤电导率变化趋势能反映灌水周期内土壤可溶性盐变化趋势，试验也通过测定土壤电导率动态变化（图 3-5），分析土壤可溶性盐分变化趋势，测定范围与土壤水分含量测定范围相同。结果发现，灌水后，土壤盐分总体随水分在垂直方向上由土壤深层向表层运移、在水平方向上向番茄根部运移。在灌水周期内，两种滴灌方式土壤都在土壤表层发生盐分聚集现象（土壤电导率≥4.5 mS/cm）。常规地表滴灌，盐分聚集（土壤电导率≥4.5 mS/cm）区域为距离滴头（番茄根部）水平方向 5~30 cm、垂直方向 12.5~35.0 cm 区域土壤；覆膜地表滴灌，盐分聚集（土壤电导率≥4.5 mS/cm）区域为距滴头（番茄根部）水平方向 7.5~30.0 cm、垂直方向 12.5~

25.0 cm 区域土壤。但是，两种滴灌方式土壤盐分聚集速率不同，常规地表滴灌土壤电导率≥4.5 mS/cm 的土壤面积占测定范围面积的比例，灌水后 1 d、3 d、6 d、11 d 分别为 0.88％、17.68％、20.39％、23.98％，平均增速为 2.31％/d，盐分聚集形成于灌水后 3 d。覆膜地表滴灌土壤电导率≥4.5 mS/cm 的土壤面积占测定范围面积的比例，灌水后 1 d、3 d、6 d、11 d 分别为 3.78％、4.33％、16.77％、19.4％，平均增速为 1.56％/d（显著低于常规地表滴灌，$P<0.05$），盐分聚集形成于灌水后 6 d。

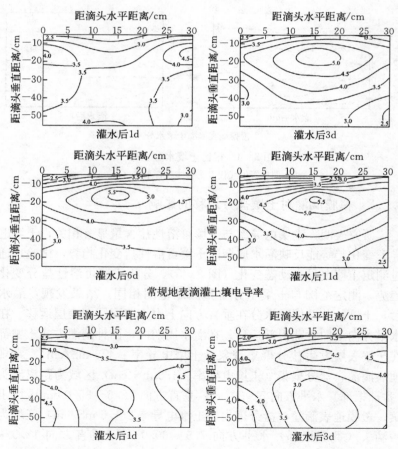

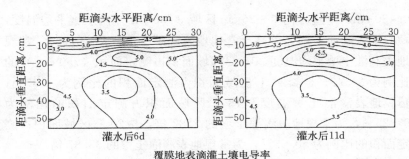

覆膜地表滴灌土壤电导率

图3-5 根区土壤盐分（电导率）变化

注：图中等值线代表土壤总盐（g/L）。

3.2.3 覆膜滴灌对土壤温度和pH变化的影响

由图3-6可知，灌水周期内，距滴头（番茄根部）水平方向

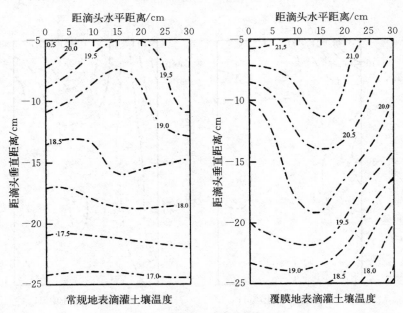

常规地表滴灌土壤温度　　　　　覆膜地表滴灌土壤温度

图3-6 根区土壤平均温度

注：图中等值线代表土壤温度（℃）。

$0\sim30$ cm、垂直方向 $0\sim25$ cm 区域（750 cm²）内土壤平均温度，覆膜地表滴灌土壤显著高于常规地表滴灌土壤（$P<0.05$）。常规地表滴灌土壤平均温度≥18 ℃区域面积占测定面积（750 cm²）的比例为 34.43%，≥20 ℃区域面积占测定面积的比例为 1.30%；覆膜地表滴灌土壤温度≥18 ℃区域面积占测定面积的比例为 97.25%，为常规地表滴灌土壤的 2.82 倍，≥20 ℃区域面积占测定面积的比例为 50.53%，为常规地表滴灌土壤的 38.87 倍。

由图 3-7 可知，以滴头（番茄根部）为中心，在以垂直于滴头的水平方向 $0\sim30$ cm、垂直方向 $0\sim55$ cm 的矩形（面积为 1 650 cm²）范围内，常规地表滴灌条件下，8.1≤土壤 pH≤8.7；覆膜地表滴灌条件下，7.8≤土壤 pH≤8.1，显著低于常规地表滴灌（$P<0.05$）。

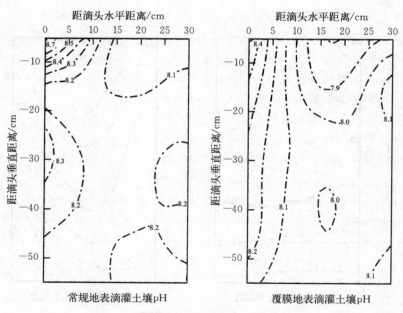

图 3-7　根区土壤 pH
注：图中等值线代表土壤 pH。

3.3　滴灌供水方式对土壤孔隙度、pH 和温度的影响

以设施番茄为研究对象，以覆膜地表滴灌为对照，研究了覆膜交替滴灌和覆膜地下滴灌对土壤孔隙度、pH 和温度的影响（试验设计见第 2 章）。

3.3.1　交替滴灌

由表 3-2 可知，A70 处理土壤平均温度显著高于 A50 处理。A70 处理的 0～20 cm、0～30 cm、0～40 cm 土壤孔隙度最大，显著高于 A50 处理和 CK，A60 处理土壤孔隙度整体上仅次于 A70 处理。地表滴灌随土壤取样深度增加，土壤平均孔隙度呈降低趋势，3 种不同灌水下限交替滴灌则呈非线性变化。交替滴灌保持根区土壤一侧湿润而另一侧相对干燥，形成根区土壤水分的差异性分布，干燥区域有利于增强土壤通气性，同时干湿交替对土壤细微结构的影响可能造成了根区土壤孔隙度高于地表滴灌。但灌水量不同、灌水频率不同，形成的局部干湿交替频率和强度不同，可能对根区土壤细微结构，如团聚体等造成不同程度的破坏，使土壤孔隙度发生改变。灌水量低时（50％田间持水量），灌水频率高，干湿交替频繁，对土壤细微结构破坏大，导致土壤孔隙度低；灌水量适中时（60％田间持水量），土壤干湿交替频率和强度适中，对土壤细

表 3-2　交替滴灌土壤孔隙度、pH 和温度

处理	土壤孔隙度/％				土壤 pH	土壤平均温度/℃
	0～10 cm	0～20 cm	0～30 cm	0～40 cm		
CK	43.99c	43.53c	41.36bc	39.90b	7.835a	16.20ab
A50	44.21c	39.95d	37.82bc	40.27b	8.219a	15.44b
A60	51.55a	46.99b	47.88b	49.04a	7.697a	16.61ab
A70	47.29b	49.61a	50.57a	46.91a	8.115a	17.18a

注：图中不同小写字母表示不同处理间差异达显著（$P < 0.05$），下同。

微结构破坏减弱,土壤孔隙度升高;灌水量高时(70％田间持水量),灌水频率低,干湿交替间隔时间长,对土壤细微结构破坏小,根区土壤孔隙度整体上最大,显著高于A50处理和CK。

各处理番茄生育期内根区土壤平均pH无显著性差异。交替滴灌形成的水分差异性分布,土壤的局部干湿交替在影响土壤细微结构的同时,也必然影响土壤盐分迁移,但由于根区两侧交替脉冲来回反复,可能最终使土壤盐分集中在根区。低灌水量(50％田间持水量)的土壤干湿交替频繁,高灌水量(70％田间持水量)的土壤含水率相对高而增加土壤盐分溶解和迁移,这都造成了根区土壤pH相对上升,但与地表滴灌相比差异并不显著。适中灌水量(60％田间持水量)土壤的干湿交替脉冲相对减弱,土壤含水率适中,二者交互可能使土壤盐分在根区土壤富集程度相对低,造成根区土壤pH相对下降,但与地表滴灌相比差异也不显著。

交替滴灌随灌水量增加,根区土壤平均温度呈增高趋势。土壤含水率的增加有利于土壤容积热容量增加而降低土壤温度,同时土壤水分和地膜又有利于土壤保温,三者交互使土壤温度呈小幅度升高。灌水量为70％田间持水量土壤温度显著高于50％田间持水量土壤,但与60％田间持水量无显著差异。相同灌水量条件下,地表滴灌根区土壤温度低于交替滴灌,原因可能是交替滴灌土壤孔隙度相对高,持水性强,有利于土壤保温。

3.3.2　地下滴灌

由表3-3可知,S30处理土壤平均温度显著高于S10、S20处理;S20处理的0~10 cm、0~20 cm、0~30 cm、0~40 cm土壤孔隙度最大,显著高于S10处理和CK。地下滴灌的毛管埋入地面以下,水分进入土壤后更多向下迁移,毛管上方土壤相对干燥、疏松,而地表滴灌的水分由地面向下入渗,随灌水周期和灌水频率增加而相对压实土壤,因此地下滴灌根区土壤孔隙度整体优于地表滴灌。滴灌毛管埋深不同,土壤中出水位置不同,土壤水分迁移不同,毛管上方土壤相对干燥区域也不同,将影响土壤孔隙度。毛管埋深较浅时（埋深 10 cm），毛管上方相对干燥土层薄，土壤水分向上迁移距离短，0～10 cm 土层也能保持较高的含水率，土壤孔隙度与地表滴灌接近；毛管埋深适中时（埋深 20 cm），毛管上方相对干燥土层扩大，土壤水分四周上下迁移相对不易造成深层渗漏，有利于提高毛管四周土壤持水性，同时增加了土壤孔隙度；毛管埋深继续加深（埋深 30 cm），毛管上方相对干燥土壤区域继续扩大，土壤水分向下迁移增加，加上蒸发损失减少，下层土壤含水率长时间高，因此造成 0～10 cm 土壤孔隙度显著增加，而其他土层则降低。

表 3 - 3　地下滴灌土壤孔隙度、pH 和温度

处理	土壤孔隙度/%				土壤 pH	土壤平均温度/℃
	0～10 cm	0～20 cm	0～30 cm	0～40 cm		
CK	43.99c	43.46b	41.37bc	39.90c	7.835a	16.20ab
S10	46.89b	48.12ab	44.50b	47.48b	8.001a	14.31c
S20	48.97a	53.16a	50.48a	51.92a	8.112a	15.26bc
S30	50.55a	43.67b	46.56b	46.97b	8.092a	16.71a

地下滴灌形成了土壤水分垂直方向的差异性分布，毛管附近土壤含水量高有利于盐分溶解，土壤 pH 相对升高，但与地表滴灌并无显著差异。毛管埋深较浅时（埋深 10 cm），毛管上方相对干燥土层薄有利于土壤水分向上迁移蒸发，增加土壤地面与地膜之间的水汽，影响导热性，根区土壤平均温度显著降低；毛管埋深增加，减少水汽向上（地面）迁移，降低土壤与地面间水汽的热容积，提高导热性，根区土壤平均温度显著增加。滴灌管埋深 20 cm 和 30 cm 处理在灌水量比地表滴灌低 10% 的情况下，根区土壤平均温度与其无显著差异。

3.4　本章小结

3.4.1　覆膜滴灌布设措施的影响

半膜覆盖、60% 田间持水量灌水下限、3 管 4 行或 1 管 2 行布

置的 0～60 cm 土壤含水率极差小、分布均匀度高，半膜覆盖、80％田间持水量灌水下限、1 管 2 行次之；全膜覆盖、80％田间持水量灌水下限、1 管 2 行布置的 0～25 cm 土壤温度较高，次优选择是半膜覆盖、80％田间持水量灌水下限、1 管 2 行的布置。整体上 1 管 2 行、80％田间持水量灌水下限与全膜、半膜覆盖交互的土壤 pH 较低。

3.4.2　覆膜滴灌对水盐运移的影响

覆膜滴灌能使番茄根部水平方向 0～30 cm、垂直方向 20 cm 以上区域土壤含水率始终高于灌水下限，显著优于常规滴灌。两种滴灌番茄根区土壤水分都于灌水后 3 d 由土壤深层向表层、番茄根部运移，但覆膜滴灌土壤水分迁移速率显著滞后于常规滴灌。两种滴灌方式都在土壤表层发生盐分聚集现象，但覆膜滴灌盐分聚集速率低于常规滴灌，覆膜滴灌土壤垂直剖面干湿交替频率相对低于常规滴灌，也抑制土壤盐分向上迁移。

3.4.3　覆膜滴灌供水方式的影响

与地表滴灌相比，交替滴灌和地下滴灌形成的根区土壤水分差异性分布，有利于提高土壤温度和孔隙度，其中以灌水量为 70％田间持水量的交替滴灌、毛管埋深 20 cm 的地下滴灌为适宜的滴灌供水方式。

第4章 覆膜滴灌对设施作物根区土壤 微生物及土壤酶的影响

　　土壤酶是土壤养分实现循环利用的重要动力，是评价土壤肥力和土壤质量的重要指标（Garcia - Ruiz et al.，2008；Tabatabai et al.，2002）。在设施作物种植中，氮肥、磷肥需要量和输入量大，与土壤氮、磷转化密切相关的土壤脲酶和磷酸酶应重点关注。土壤脲酶能促进土壤中尿素水解成二氧化碳和氨，是土壤氮素循环的重要组成（Bendinga et al.，2004；Petra，2003）。脲酶活性表征土壤氮素状况和作物生长吸收氮素能力的趋势，与土壤有机质、全氮、全磷、全钾及速效氮、有效磷等之间都存在显著相关性（刘建新，2004）。因此，增强土壤脲酶活性能促进土壤营养代谢，改善土壤性质，提高土壤肥力（张为政，1993）。

　　磷是植物生长发育所必需的大量营养元素之一，在作物产量和品质形成中具有重要的作用（Krmer et al.，2000）。但有机磷在土壤中移动性差，不易被作物吸收利用，需在土壤磷酸酶的作用下转化为无机磷后才可被作物根系吸收利用（Firsching et al.，1996；kujins et al.，1978）。因此，土壤磷酸酶活性对有机磷转化、土壤磷元素的生物有效性具有重要影响。

　　细菌、放线菌和真菌是土壤酶的主要来源（Nannipieri et al.，2002；Sparling 1995；Speir et al.，1978；周礼恺，1987）。土壤微生物生长受到土壤水、气、热状况的影响和制约（Hsiao，1993），进而对土壤酶产生影响。不同的土壤水、气、热状况也直接影响土壤酶活性强度（Frankenberger et al.，1983；关松荫等，1986；Kang et al.，1999；Tiwari et al.，1989）。为提高根区土壤酶活性，可直接向作物根区接种相关微生物（Abde - l Fattah，

1997；Boddington et al.，1999），但该措施影响范围有限，可能破坏原有土壤微生态平衡，在农业生产实践中难以广泛应用；向土壤中施用生长调节剂，通过调控根系生长，改善根际微生态环境，也可提高土壤酶活性（李志洪等，2004），但生长调节剂残留可能对土壤生态环境造成不利影响。因此，通过覆膜滴灌调控设施土壤水、热等环境因子，对提高土壤酶活性，促进土壤氮、磷等元素利用具有重要意义（Dodor et al.，2003；Chander et al.，.1997）。

4.1 覆膜滴灌布设措施对土壤微生物、脲酶、磷酸酶的影响

以设施甜瓜为研究对象，研究了覆膜方式、滴灌毛管密度和灌水下限 3 种覆膜滴灌因素及其交互作用对土壤微生物、脲酶、磷酸酶的影响（试验设计见第 2 章）。

4.1.1 土壤微生物

表 4-1 为不同覆膜滴灌处理设施甜瓜不同生育阶段的土壤微生物数量。由表 4-1 可知，设施甜瓜整个生育期，土壤细菌数量最大，放线菌次之，真菌数量最少。细菌数量呈先增加后减少趋势，果实膨大期数量最多；放线菌和真菌数量呈减少趋势，开花坐果期数量最多。

细菌数量随着地膜覆盖度的增加，在开花坐果期呈增加趋势，果实膨大期呈减少趋势，成熟期呈先增加后减少趋势。无膜能显著促进果实膨大期细菌生长，其数量分别是全膜和半膜覆盖的 65.48 倍和 14.96 倍。全膜覆盖显著促进开花坐果期细菌生长，其数量分别是无膜和半膜覆盖的 10.31 倍和 9.43 倍。半膜覆盖时，开花坐果期和果实膨大期细菌数量为中间值，成熟期细菌数量则是最大值。放线菌、真菌数量随地膜覆盖度的增加整体呈先增加后减少趋势。半膜覆盖的放线菌数量，开花坐果期是无膜和全膜覆盖的 56.40%

表 4 - 1　设施甜瓜不同生育阶段的土壤微生物数量

处理	细菌/10^{11} CFU/g			放线菌/10^9 CFU/g			真菌/10^5 CFU/g		
	开花坐果期	果实膨大期	成熟期	开花坐果期	果实膨大期	成熟期	开花坐果期	果实膨大期	成熟期
P_N	0.32b	460.33a	0.21b	43.97a	0.26c	0.29c	46.67b	0.51c	0.13c
P_H	0.35b	30.77b	1.68a	24.80b	1.21a	0.83a	63.33a	0.84a	0.23b
P_F	3.30a	7.03c	0.41b	25.60b	1.04b	0.49b	53.33ab	0.71b	0.31a
$T_{1/2}$	2.01a	116.53c	2.07a	27.63b	0.64c	0.68a	36.67c	0.95a	0.32a
$T_{3/4}$	0.29c	174.57b	0.14b	38.67a	0.74b	0.38c	50.00b	0.59b	0.24b
T_1	1.68a	207.03a	0.81b	28.07b	1.14a	0.56b	76.67a	0.52b	0.12c
L60	2.07a	222.73a	0.33b	59.00a	0.76b	0.42b	66.67a	0.54b	0.23b
L70	0.38c	115.20c	0.15b	9.77c	0.35c	0.38b	46.67b	0.60b	0.20a
L80	1.53b	160.20b	1.81a	25.60b	1.41a	0.81b	50.00b	0.91a	0.24a

注：不同小写字母表示同一生育阶段，同一个试验因素的不同因素水平处理间差异达显著（$P<0.05$），下同。

和 96.87％，果实膨大期是无膜和全膜覆盖的 4.65 倍和 1.16 倍，成熟期是无膜和全膜覆盖的 2.86 倍和 1.69 倍；半膜覆盖的真菌数量，开花坐果期是无膜和全膜覆盖的 1.36 倍和 1.18 倍，果实膨大期是无膜和全膜覆盖的 1.64 倍和 1.18 倍，成熟期是无膜和全膜覆盖的 1.53 倍和 74.19％。

不同生育阶段，微生物数量受毛管密度的影响不同。开花坐果期 1 管 1 行的细菌数量是 3 管 4 行的 5.79 倍，但与 1 管 2 行无显著差异；果实膨大期是 3 管 4 行和 1 管 2 行的 1.19 倍和 1.78 倍；成熟期是 1 管 2 行的 39.13％，但与 3 管 4 行无显著差异。开花坐果期 1 管 1 行的放线菌数量与 1 管 2 行无显著差异，但果实膨大期是 3 管 4 行和 1 管 2 行的 1.54 倍和 1.78 倍，成熟期是 3 管 4 行和 1 管 2 行的 1.47 倍和 82.35％。开花坐果期 1 管 1 行的真菌数量是 3 管 4 行和 1 管 2 行的 1.53 倍和 2.09 倍；果实膨大期是 1 管 2 行的 54.74％，但与 3 管 4 行无显著差异；成熟期是 3 管 4 行和 1 管 2 行的 50％和

37.5%。总体来说，1管1行或1管2行布设有利于微生物生长。

细菌、放线菌、真菌数量随灌水下限的增大，整体呈先减少后增加的趋势。70%灌水下限的细菌数量，开花坐果期分别是60%灌水下限和80%灌水下限的18.36%和24.84%，果实膨大期分别是51.72%和71.91%，成熟期分别是45.45%和8.29%；放线菌数量，开花坐果期分别是60%灌水下限和80%灌水下限的16.56%和38.16%，果实膨大期分别是46.05%和24.82%，成熟期分别是90.48%和46.91%；真菌数量，开花坐果期分别是60%灌水下限和80%灌水下限的70.00%和93.34%，果实膨大期分别是1.11倍和65.93%，成熟期分别是86.96%和83.33%。因此，与70%灌水下限相比，60%灌水下限和80%灌水下限能显著促进微生物生长。

4.1.2 土壤脲酶

1. 各处理土壤脲酶活性

表4-2为不同处理在甜瓜各生育阶段的土壤脲酶活性。

表4-2 各处理在甜瓜不同生育阶段的土壤脲酶活性（mg/g）

处理	脲酶活性			
	苗期	开花坐果期	果实膨大期	成熟期
处理1（$P_F T_1 L80$）	34.53ab	31.09d	205.11b	95.95cd
处理2（$P_N T_{1/2} L70$）	13.62c	51.76ab	180.24bc	112.93bc
处理3（$P_N T_{3/4} L80$）	45.57a	60.38a	203.36b	95.95cd
处理4（$P_H T_{1/2} L80$）	18.57c	60.90a	197.81b	128.43b
处理5（$P_F T_{1/2} L60$）	20.74c	35.89cd	195.37bc	78.98d
处理6（$P_F T_{3/4} L70$）	41.99a	42.01bcd	137.77c	71.60d
处理7（$P_N T_1 L60$）	21.42bc	42.27bcd	267.84a	87.83cd
处理8（$P_H T_{3/4} L60$）	25.09bc	46.80bc	148.34bc	243.57a
处理9（$P_H T_1 L70$）	26.91bc	36.91cd	177.72bc	78.23d

注：不同小写字母表示同一生育阶段的不同处理间土壤脲酶活性差异达显著（$P<0.05$），下同。

　　由表 4-2 可知，在甜瓜不同生育阶段，不同处理土壤脲酶活性存在显著差异。土壤脲酶活性总体从苗期到果实膨大期呈增高趋势，到果实成熟期下降。果实膨大期的土壤脲酶活性显著高于苗期和开花坐果期。苗期时，处理 3（$P_N T_{3/4} L80$）、处理 6（$P_F T_{3/4} L70$）的脲酶活性显著高于其他处理；开花坐果期时，处理 3（$P_N T_{3/4} L80$）、处理 4（$P_H T_{1/2} L80$）的脲酶活性显著高于其他处理；果实膨大期时，处理 7（$P_N T_1 L60$）的脲酶活性显著高于其他处理；成熟期时，处理 8（$P_H T_{3/4} L60$）的脲酶活性显著高于其他处理。处理 2（$P_N T_{1/2} L70$）、处理 3（$P_N T_{3/4} L80$）、处理 4（$P_H T_{1/2} L80$）的脲酶活性在甜瓜各个生育阶段都较高。

2. 覆膜方式、滴灌毛管密度和灌水下限对土壤脲酶活性影响

　　对 3 种试验因素及交互作用对各生育阶段土壤脲酶的影响进行了分析，结果见表 4-3。

表 4-3　覆膜方式、滴灌毛管密度和灌水下限对脲酶活性的影响（mg/g）

处理	苗期	开花坐果期	果实膨大期	成熟期
P	3.49ns	14.06**	5.05*	44.89**
T	17.12**	12.23**	6.73**	22.50**
L	4.74*	5.15*	4.43*	22.06**
P×T	*	*	ns	**
P×L	**	**	*	**
T×L	ns	**	*	**

　　注：*代表差异达显著（$P<0.05$），**代表差异达极显著（$P<0.01$），ns 代表不显著，下同。

　　由表 4-3 可知，覆膜方式对苗期土壤脲酶活性无显著影响，但对开花坐果期、果实膨大期和成熟期的土壤脲酶活性都有极显著和显著影响；滴灌毛管密度对设施甜瓜土壤脲酶有极显著影响；灌水下限对设施甜瓜土壤脲酶有显著影响。覆膜方式、滴灌毛管密度和灌水下限交互作用对设施土壤脲酶活性也有显著影响，除果实膨大期和苗期外，交互作用均为显著或极显著。

进一步分析了对土壤脲酶活性有显著影响的试验因素（表4-4）。由表4-4可知，在整个生育期，随覆盖度的降低，脲酶活性先升高后降低，整体上全膜覆盖的土壤脲酶活性最低，半膜覆盖最高，无膜与半膜相差不大。在开花坐果期、果实膨大期，无膜处理的脲酶活性大于半膜覆盖，成熟期则小于半膜覆盖。随滴灌毛管密度的减小，土壤脲酶活性在整个生育期的均值先升高后降低，3管4行最大、1管1行次之、1管2行最小，但1管1行在果实膨大期的脲酶活性也显著高于3管4行。随灌水下限的升高，土壤脲酶活性在整个生育期的均值先升高后降低，60%田间持水量灌水下限最大、80%田间持水量灌水下限次之、70%田间持水量灌水下限最小。80%田间持水量灌水下限处理在各个时期的脲酶活性都很高，相对均衡；60%田间持水量灌水下限处理在果实膨大期、成熟期的脲酶活性较高；70%田间持水量灌水下限处理则在苗期具有较高的脲酶活性。

表4-4　试验因素不同水平对脲酶活性的影响（mg/g）

因素水平	苗期	开花坐果期	果实膨大期	成熟期
P_F	32.42a	36.33b	179.41b	82.18c
P_H	23.52a	48.20a	174.62b	150.08a
P_N	26.87a	51.47a	217.15a	98.90b
极差值	8.90	15.14	42.53	67.90
T_1	27.62b	36.76b	216.89a	87.34c
$T_{3/4}$	37.55a	49.73a	163.16b	137.04a
$T_{1/2}$	17.64c	49.52a	191.14ab	106.78b
极差值	19.91	12.97	53.73	49.70
L60	22.42b	41.65b	203.85a	136.79a
L70	27.51ab	43.56b	165.24b	87.59c
L80	32.89a	50.79a	202.09a	106.78b
极差值	10.47	9.14	38.61	49.20

对土壤脲酶有显著影响试验因素的交互作用见图 4-1。由图 4-1可知，覆膜方式与滴灌毛管密度交互作用显著的 3 个生育阶段，整体上半膜覆盖与 3 管 4 行的交互作用对土壤脲酶活性影响最

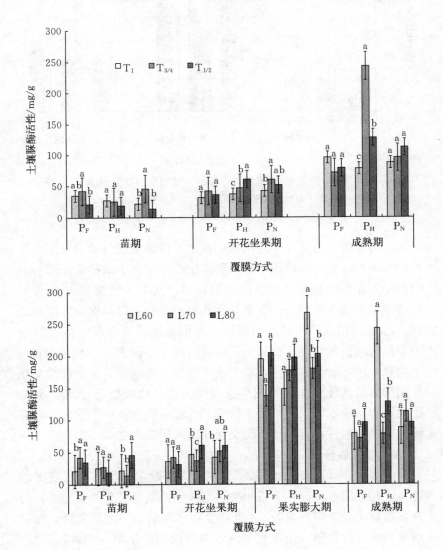

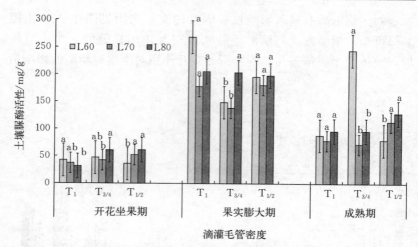

图 4-1 试验因素交互作用对土壤脲酶活性的影响

注：图中不同小写字母表示在同一个生育阶段、同一个
试验因素条件下的不同处理间差异达显著（$P<0.05$）。

显著，与1管2行交互作用的影响次之；覆膜方式与灌水下限交互
作用显著的4个生育阶段，3种覆膜方式与80％田间持水量灌水下
限的交互作用的脲酶活性整体上都较高，其中半膜覆盖与80％田
间持水量灌水下限交互的脲酶活性在每个生育阶段都保持较高的活
性，与60％田间持水量灌水下限交互的脲酶活性在每个生育阶段
也都保持较高的活性；滴灌毛管密度与灌水下限交互作用显著的3
个生育阶段，80％田间持水量灌水下限与3种滴灌毛管密度的交互
作用的脲酶活性整体上都较高且波动不大、比较稳定，其中80％
田间持水量灌水下限与3管4行交互的脲酶活性在每个生育阶段都
保持较高的活性，与1管2行交互作用的影响次之。

3. 相关性分析

由表 4-5 可知，土壤脲酶活性与3类微生物呈不同程度的相
关性，与细菌数量极显著正相关，与放线菌数量极显著负相关，与
真菌数量正相关但不显著。3类微生物之间也呈一定相关性，细菌
数量与真菌数量呈一定正相关性，与放线菌数量呈一定负相关性；

放线菌数量与真菌数量显著正相关。

表4-5 土壤脲酶与土壤微生物的简单相关性分析

指标	脲酶活性	细菌数量	放线菌数量	真菌数量
脲酶活性	1	0.684**	−0.548**	0.266
细菌数量	0.684**	1	−0.196	0.299
放线菌数量	−0.548**	−0.196	1	0.389*
真菌数量	0.266	0.299	0.389*	1

注：＊代表显著相关，＊＊代表极显著相关，下同。

4.1.3 土壤磷酸酶

作物生长发育过程中，早期缺磷对作物的影响远大于后期缺磷（Grant et al.，2008），且开花坐果期是甜瓜吸收养分的关键时期，对磷元素需求较大，磷酸酶活性作用至关重要（宋世威等，2001），因此重点研究了覆膜滴灌对甜瓜开花坐果期根区土壤磷酸酶活性的影响。

1. 覆膜方式、滴灌毛管密度和灌水下限对土壤磷酸酶活性的影响

由表4-6可知，不同处理间土壤磷酸酶活性差异显著。对土壤磷酸酶活性影响最大的因素是灌水下限，其次是覆膜方式，然后是滴灌毛管密度。三因素的两两交互作用均对土壤磷酸酶活性有极显著影响。

随覆膜度增大，土壤磷酸酶活性呈先升后降趋势，半覆膜最大、无膜次之、全覆膜最小，半覆膜、无膜分别比全覆膜提高了18.56％、7.84％。随滴灌毛管密度减小，土壤磷酸酶活性先降后升，3管4行的土壤磷酸酶活性最低，1管1行、1管2行比3管4行分别提高了18.37％、18.31％。灌水下限对土壤磷酸酶活性有极显著的影响，土壤磷酸酶活性随灌水下限的增大先降后升。灌水下限为70％田间持水量的土壤磷酸酶活性最小，80％田间持水量灌水下限最大，60％田间持水量灌水下限次之，两者分别比70％田间持水量灌水下限提高了33.26％、18.39％。

表 4-6　开花坐果期的土壤磷酸酶活性及试验因素的影响

处理号	磷酸酶活性/ mg/g	试验因素	F 值	因素水平	磷酸酶活性/ mg/g	极差值	交互 作用
1	171.06a			P_F	121.48b		
2	143.03abc	P	3.95*	P_H	144.03a	22.55	
3	117.28c			P_N	131.01b		
4	162.44ab			L60	133.50a		P×T (**)
5	112.56c	L	10.88**	L70	112.76b	37.5	P×L (**)
6	80.83d			L80	150.26a		T×L (**)
7	132.73bc			T_1	139.41a		
8	155.20ab	T	4.80*	$T_{3/4}$	117.77b	21.64	
9	114.44c			$T_{1/2}$	139.34a		

　　注：表中不同小写字母表示不同处理间差异达显著（$P<0.05$），＊代表差异达显著（$P<0.05$），＊＊代表差异达极显著（$P<0.01$），下同。

2. 相关性分析

　　由表 4-7 可知，开花坐果期磷酸酶活性与细菌、真菌数量呈一定程度负相关但不显著，与放线菌数量极显著正相关。3 类微生物之间也呈一定相关性，细菌数量与真菌数量呈一定负相关，与放线菌数量显著负相关；放线菌数量与真菌数量负相关但不显著。

表 4-7　土壤磷酸酶与土壤微生物的简单相关性分析

指标	磷酸酶活性	细菌数量	真菌数量	放线菌数量
磷酸酶活性	1	−0.014	−0.059	0.714**
细菌数量	−0.014	1	−0.070	−0.391*
真菌数量	−0.059	−0.070	1	−0.144
放线菌数量	0.714**	−0.391*	−0.144	1

　　注：＊代表显著相关，＊＊代表极显著相关，下同。

4.2　滴灌供水方式对土壤脲酶、磷酸酶和土壤细菌的影响

　　以设施番茄为研究对象，以覆膜地表滴灌为对照，研究了覆膜

交替滴灌和覆膜地下滴灌对土壤脲酶、磷酸酶和土壤微生物的最大类群土壤细菌的影响（试验设计见第 2 章）。

4.2.1　交替滴灌根区土壤酶活性与土壤细菌群落

1. 土壤酶

由表 4 - 8 可知，CK 在开花坐果期、盛果期和成熟期的土壤脲酶和磷酸酶活性都最大。A50 处理开花坐果期、盛果期、成熟期脲酶活性比 CK 分别显著低 34.95％、25.87％、37.85％，开花坐果期、成熟期磷酸酶活性与 CK 无显著差异，盛果期磷酸酶活性比 CK 显著低 87.58％。A60 处理开花坐果期、成熟期脲酶活性比 CK 分别显著低 50.81％、31.43％，盛果期脲酶活性与 CK 无显著差异，开花坐果期、盛果期、成熟期磷酸酶活性比 CK 分别显著低 20.48％、69.33％、29.90％。A70 处理开花坐果期、盛果期脲酶和磷酸酶活性与 CK 无显著差异，成熟期脲酶、磷酸酶活性比 CK 分别显著低 63.50％、37.90％。

表 4 - 8　交替滴灌根区土壤酶活性 [mg/(g · d)]

处理	土壤脲酶			土壤磷酸酶		
	开花坐果期	盛果期	成熟期	开花坐果期	盛果期	成熟期
CK	166.13a	200.43a	123.21a	103.65a	647.26a	108.33a
A50	108.06b	148.58b	76.58c	110.15a	80.41c	82.80ab
A60	81.72c	224.22a	84.48b	82.42b	198.51 b	75.94bc
A70	151.15a	201.79a	44.97d	115.43a	598.90a	67.27c

2. 土壤细菌群落组成

由表 4 - 9 可知，CK、A50、A60 和 A70 处理番茄根区土壤的 DNA 序列数分别为 19 428、31 167、17 330 和 31 495，不同处理之间差异显著。以最少序列数 17 330 为标准，对各处理的序列进行抽平分析，按照 97％相似性对非重复序列（不含单序列）进行 OTU 聚类，结果发现各处理的 OTU 数并无显著性差异，菌群多样性指数也无显著性差异，但菌群丰度指数差异显著，A50 处理的菌群丰度显著高于 CK、A60 处理。

表 4-9　交替滴灌根区土壤细菌群落序列、菌群丰度及多样性

处理	DNA 序列数	OTU	菌群丰度指数	菌群多样性指数	测序深度指数
CK	19 428b	1 217a	1 375b	5.96a	0.989a
A50	31 167a	1 253a	1 458a	6.02a	0.995a
A60	17 330c	1 199a	1 356b	5.9a	0.986a
A70	31 495a	1 243a	1 422ab	5.85a	0.993a

注：表中不同小写字母表示不同处理间差异达显著（$P<0.05$），下同。

在门分类水平，对 CK、A50、A60、A70 处理番茄根区土壤细菌群落中占比大于 1% 的细菌进行了分析，占比小于 1% 统一用"其他"表示。由表 4-10 可知，4 个处理番茄根区土壤细菌群落主要由 Proteobacteria（变形菌门）、Chloroflexi（绿弯菌门）、Actinobacteria（放线菌门）、Bacteroidetes（拟杆菌门）、Acidobacteria（酸杆菌门）、Gemmatimonadetes（芽单胞菌门）、Candidate_division_TM7、Firmicutes（厚壁菌门）、Deinococcus-Themus（异常球菌-栖热菌门）、Planctomycetes（浮霉菌门）、Candidate_division_QD1 11 类组成，占 4 个处理细菌群落的 98% 以上。

表 4-10　交替滴灌根区土壤细菌群落结构（门水平,%）

拉丁学名	CK	A50	A60	A70
Proteobacteria	45.69a	33.06c	34.24c	40.40b
Chloroflexi	14.68a	21.04a	19.24b	15.68c
Actinobacteria	14.34a	12.40b	11.47c	12.69b
Bacteroidetes	7.54c	7.52c	8.23b	11.03a
Acidobacteria	4.96b	7.51a	7.13a	3.97c
Gemmatimonadetes	5.21b	6.75a	6.58a	4.77b
Candidate_division_TM7	2.47d	2.96c	4.36b	5.14a
Firmicutes	1.81d	3.67b	4.09a	3.29c
Deinococcus-Thermus	0.29c	1.42a	0.56b	0.64b

（续）

拉丁学名	CK	A50	A60	A70
Planctomycetes	0.94b	1.21a	1.15a	0.25c
Candidate _ division _ OD1	0.37b	0.81a	1.42a	0.24c
其他	1.65b	1.61b	1.47c	1.84a
合计	100	100	100	100

随灌水下限升高，Proteobacteri（变形菌门）在 A50、A60、A70 处理细菌群落中的相对丰度呈增加趋势，但都低于 CK，分别比 CK 降低了约 12 个百分点、11 个百分点和 5 个百分点；Chloroflexi（绿弯菌门）则呈减少趋势，分别为 21.04%、19.24%、15.68%，但都高于 CK（14.68%）；Actinobacteria（放线菌门）呈先降低后升高趋势，分别为 12.40%、11.47%、12.69%，但都低于 CK（14.34%）；Bacteroidetes（拟杆菌门）呈增高趋势，分别为 7.52%、8.23%、11.03%，CK 为 7.54%，与 A50 处理基本一致；Acidobacteria（酸杆菌门）呈减少趋势，分别为 7.51%、7.13%、3.97%，CK 为 4.96%，高于 A70 处理而低于 A50、A60 处理；Gemmatimonadetes（芽单胞菌门）与 Acidobacteria（酸杆菌门）类似，也呈减少趋势，分别为 6.75%、6.58%、4.77%，CK 为 5.21%，高于 A70 处理而低于 A50、A60 处理。Candidate _ division _ TM7、Firmicutes（厚壁菌门）、Deinococcus - Themus（异常球菌-栖热菌门）在 A50、A60、A70 处理细菌群落中的相对丰度都高于 CK，Candidate _ division _ TM7 随灌水下限升高呈增加趋势，Firmicutes（厚壁菌门）先增加后减少，Deinococcus - Themus（异常球菌-栖热菌门）则先减少后增加。Planctomycetes（浮霉菌门）在 CK 细菌群落中的相对丰度比 A50、A60 处理低 22.31%、18.26%，是 A70 处理的 3.76 倍；Candidate _ division _ QD1 在 CK 细菌群落中的相对丰度比 A50、A60 处理低 54.32%、73.94%，是 A70 处理的 1.54 倍。

细菌群落一些门类细菌相对丰度低于 1%，这些细菌总相对丰度占整个细菌群落不到 2%（其他），但个别种类具有重要的生态功能，因此进一步对 CK、A50、A60、A70 处理微量细菌进行了分析（表 4-11）。4 个处理相对丰度小于 1% 的细菌种类中，Nitrospirae（硝化螺旋菌门）相对丰度最大，随灌水下限的升高依次减小，占 A50、A60、A70 处理小于 1% 细菌种类的相对丰度分别为 29.09%、19.88% 和 14.07%，都低于 CK（31.51%）。Verrucomicrobia（疣微菌门）在 A60 处理中相对丰度为 19.10%，显著高于其他处理，分别为 CK、A50、A70 处理的 3.83 倍、2.82 倍、28.09 倍；Elusimicrobia（迷踪菌门）在 CK 中相对丰度显著高于其他处理，分别为 A50、A60、A70 处理的 2.59 倍、17.42 倍、19.72 倍；Cyanobacteria（蓝藻门）在 A70 处理的相对丰度显著高于其他处理，分别为 CK、A50、A60 处理的 5.89 倍、3.02 倍、9.42 倍；Chlorobi（绿菌门）在 A60 处理的相对丰度显著高于其他处理，分别为 CK、A50、A70 处理的 2.95 倍、2.94 倍、2.03 倍。Synergistetes（互养菌门）在 CK 中未检测到，在 A50 处理中的相对丰度最大，为 A60、A70 处理的 5.24 倍、1.66 倍。Armatimonadetes（装甲菌门）在 CK 中的相对丰度显著高于交替滴灌处理，分别为 A50、A60、A70 处理的 6.53 倍、3.26 倍、1.46 倍。Thermotogae（热袍菌门）和 Fibrobacteres（纤维杆菌门）在 A60、A70 处理的相对丰度显著高于 CK 和 A50 处理。

表 4-11　交替滴灌根区土壤微量细菌群落结构（门水平,%）

拉丁学名	CK	A50	A60	A70
Nitrospirae	31.51a	29.09b	19.88c	14.07d
WCHB1-60	0d	0.59c	0.77b	16.47a
Verrucomicrobia	4.99c	6.77b	19.10a	0.68d
Bacteria _ unclassified	16.53a	8.76c	14.42b	3.08d
Elusimicrobia	13.41a	5.18b	0.77c	0.68d
JL-ETNP-Z39	6.86b	13.55a	3.11c	1.54d

（续）

拉丁学名	CK	A50	A60	A70
Cyanobacteria	6.23c	12.15b	3.89d	36.72a
Chlorobi	4.36c	4.38c	12.86a	6.35b
Candidate _ division _ WS6	2.81c	8.17a	8.18a	4.63b
BD1－5	0.31d	0.99b	0.77c	5.66a
Candidate _ division _ WS3	3.74a	2.79b	1.16c	1.02c
Candidate _ division _ OP11	3.43a	0.79c	0.38c	0.85b
SM2F11	1.55b	0.99c	2.72a	1.37b
Synergistetes	0d	1.99a	0.38c	1.20b
Armatimonadetes	1.24a	0.19d	0.38c	0.85b
Chlamydiae	0.62b	0.19c	1.94a	0.51b
TA06	1.24c	1.39b	2.33a	1.20c
Candidate _ division _ BRC1	0.62c	1.19b	2.33a	0d
Thermotogae	0.62c	0.79c	2.33a	1.54b
Fibrobacteres	0d	0.19c	1.94a	1.37b

相对丰度小于 1％的细菌种类中，一些未分类的细菌在 4 个处理中分布差异显著，Candidate _ division _ WS6 在 A50、A60、A70 处理的相对丰度显著高于其他 CK，分别为 CK 的 2.91 倍、2.91 倍、1.65 倍。WCHB1－60 在 A70 处理中相对丰度为16.47％，在 A50、A60 处理中分别为 0.59％和 0.77％，在 CK 中则为 0；JL－ETNP－Z39 在 A50 处理中相对丰度为 13.55％，显著高于其他处理；TA06 在 A60 处理中相对丰度为 2.33％，显著高于其他处理。

总体而言群落略有差异，A50、A70 处理群落组成类似。在属分类水平，对各处理细菌群落中相对丰度在前 100 位的细菌代谢功能进行了分析，发现这些细菌主要可分为有机碳代谢菌群、氮代谢菌群、磷代谢菌群、有机化合物代谢菌群等（表4-12）。

表4-12 交替滴灌土壤细菌功能菌群组成（属水平，%）

类型		拉丁学名	CK	A50	A60	A70
有机碳代谢菌		*Pseudomonas*	14.39a	1.16c	0.92 d	2.81b
		Flexibacter	2.97c	3.77b	4.28a	4.11a
		Streptomyces	2.97a	3.00a	1.48c	2.60b
		Sphingomonadales_unclassified	0.26b	0.37a	0.15c	0.14c
		Blastocatella	0.29c	0.73b	1.02a	1.11a
		Myxococcales_norank	1.57b	1.05c	2.73a	1.70b
		Acinetobacter	1.76a	0.0037 d	0.019c	0.12b
		Aeromicrobium	1.12b	0.89c	1.70a	1.56a
		Moraxellaceae_uncultured	0.66b	0.081a	0.079a	0.40c
		Gaiella	0.57a	0.57a	0.31b	0.25b
		Nonomuraea	0.42a	0.16b	0.22b	0.35b
		Cellvibrio	0.32c	0.49b	0.22 d	3.82a
		Dokdonella	0.31c	0.22 d	0.46b	0.63a
		Bryobacter	0.27a	0.21a	0.15b	0.18b
		Phyllobacteriaceae_unclassified	0.20a	0.26a	0.25a	0.25a
		Clostridium	0.073 d	0.28c	1.04a	0.63b
		Chitinophagaceae_uncultured	0.073c	0.24b	0.37a	0.37a
氮代谢菌	固氮菌	*Devosia*	0.75c	0.48d	0.91b	1.55a
		Bacillus	1.25c	3.01a	2.28b	2.17b
	铵氮降解菌	*Rhodospirillaceae_uncultured*	1.76a	1.71a	1.72a	1.41b
	硝化细菌	*Nitrosomonadaceae_uncultured*	6.59a	5.28ab	6.06a	4.11b
		Nitrospira	0.42a	0.36ab	0.25b	0.21b
		Chloroflexi_unclassified	2.72b	4.19ab	5.22a	3.66ab
		Luteimonas	0.24b	0.39ab	0.52a	0.38ab
	反硝化细菌	*Steroidobacter*	0.68a	0.59a	0.66a	0.54a
		Thermomonas	0.35b	0.47a	0.51a	0.59a
		Rhodanobacter	0.35c	2.78b	3.01b	5.84a
		Iamia	0.76b	1.21a	1.06a	0.65b

（续）

类型	拉丁学名	CK	A50	A60	A70
磷代谢菌	*Gemmatimonadaceae* _ uncultured	4.39bc	4.75b	5.33a	4.06c
	Gemmatimonas	0.49b	0.53b	0.69a	0.72a
	Gemmatimonadaceae _ unclassified	0.28c	0.44a	0.30b	0.22c
	Ramlibacter	0.19b	0.10c	0.12c	0.49a
有机化合物代谢菌	*Nocardioides*	1.11a	0.49b	0.44b	0.59b
	Sphingobium	1.04b	1.25a	0.58d	0.70c
	Solimonadaceae _ uncultured	1.03a	0.44c	0.75b	0.36c
	Sphingomonas	1.02b	1.44a	0.87c	0.48d
	Arthrobacter	0.79a	0.49b	0.54b	0.74a
	Agromyces	0.51bc	0.68a	0.42c	0.45c
	Comamonas	0.34a	0.36a	0.24b	0.19b
	Phenylobacterium	0.33a	0.23b	0.14c	0.24b
	Mycobacterium	0.28c	0.64b	0.99a	0.74b
	Thermomonosporaceae _ unclassified	0.19c	0.14c	0.62a	0.40b
	Sphingobacterium	0.043d	0.29b	0.099c	0.53a
铁、硫代谢菌	*Acidimicrobiales* _ norank	1.21a	0.85b	0.96b	0.71b
	Roseiflexus	0.38a	0.26b	0.25b	0.23b
	Rhodobacteraceae _ unclassified	0.22ab	0.35a	0.15b	0.14b
植物致病菌	*Xanthomonadales* _ norank	1.45a	1.24a	0.96b	0.65c
	Xanthomonadaceae _ unclassified	0.15b	0.45a	0.54a	0.48a
植物抗病菌	*Lactococcus*	0.51b	0.48b	0.58a	0.39c
	Micromonosporaceae _ unclassified	0.41a	0.21b	0.32ab	0.30ab
	Lysobacter	0.15b	0.22ab	0.23ab	0.52a
嗜盐菌	*Haliangium*	1.54b	1.76b	2.21a	1.91b
	Truepera	0.35c	1.65a	0.65b	0.75b
根瘤菌	*Bradyrhizobiaceae* _ unclassified	0.44a	0.15c	0.21b	0.35a
	Mesorhizobium	0.34b	0.36b	0.29b	0.79a
	Rhizobiales _ unclassified	0.26a	0.26a	0.24a	0.24a

（1）有机碳代谢菌群主要由 *Pseudomonas*、*Sphingomonadales* _ unclassified、*Blastocatella*、*Myxococcales* _ norank、*Streptomyces*、*Nonomuraea*、*Acinetobacter*、*Flexibacter*、*Aeromicrobium*、*Moraxellaceae* _ uncultured、*Clostridium*、*Phyllobacteriaceae* _ unclassified、*Bryobacter*、*Gaiella*、*Cellvibrio*、*Dokdonella*、*Chitinophagaceae* _ uncultured 17 个属组成，其在 CK、A50、A60、A70 处理细菌群落中的总相对丰度差异显著，分别为 28.22%、13.48%、15.40%、21.03%。在 CK 的有机碳代谢菌群中，*Pseudomonas* 的相对丰度最大，占整个有机碳代谢菌群的 50.99%，其占整个细菌群落的相对丰度分别是 A50、A60、A70 处理的 12.40 倍、15.64 倍、5.12 倍。*Acinetobacter* 在 CK 有机碳代谢菌群中的相对丰度分别是 A50、A60、A70 处理的 475.68 倍、92.63 倍、14.66 倍。与 CK 相比，A50、A60、A70 处理有机碳代谢菌群中，各个属细菌构成相对均衡，相对丰度最大的 *Flexibacter* 分别占 A50、A60、A70 处理有机碳代谢菌群落总丰度的 27.96%、27.79%、19.54%；*Blastocatella*、*Clostridium*、*Chitinophagaceae* _ uncultured 在 A50、A60、A70 处理整个细菌群落中的相对丰度显著大于 CK；*Blastocatella* 在 A50、A60、A70 处理细菌群落中相对丰度是其在 CK 中相对丰度的 2.51 倍、3.52 倍、3.83 倍，*Clostridium* 为其在 CK 中相对丰度的 3.84 倍、14.25 倍、8.63 倍，*Chitinophagaceae* _ uncultured 为其在 CK 中相对丰度的 3.29 倍、5.07 倍、5.07 倍。

（2）氮代谢菌群主要由 *Nitrosomonadaceae* _ uncultured、*Chloroflexi* _ unclassified、*Rhodospirillaceae* _ uncultured、*Bacillus*、*Steroidobacter*、*Nitrospira*、*Thermomonas*、*Rhodanobacter*、*Luteimonas*、Devosia、*Iamia* 11 个属组成，其在 CK、A50、A60、A70 处理细菌群落中的总相对丰度分别为 15.87%、20.47%、22.20%、21.11%。其中，*Nitrosomonadaceae* _ uncultured、*Chloroflexi* _ unclassified、*Rhodospirillaceae* _ uncultured、*Bacillus* 在氮代谢菌群中的相对丰度占比较大，其总相对丰度分别占 CK、

A50、A60、A70 氮代谢菌群丰度的 77.63%、69.32%、68.83%、53.76%。*Bacillus* 和 *Devosia* 具有固氮作用，在 A50、A60、A70 处理细菌群落中的相对丰度分别是其在 CK 中相对丰度的 1.75 倍、1.60 倍、1.86 倍。*Rhodospirillaceae* _ uncultured 具有降解氨氮作用，其在 CK、A50、A60、A70 处理细菌群落中的相对丰度分别为 1.76%、1.71%、1.72%、1.41%，A70 处理比 CK 降低了约 20%。*Thermomonas*、*Rhodanobacter*、*Luteimonas*、*Steroidobacter*、*Chloroflexi* _ unclassified、*Iamia* 等具有反硝化作用，其总相对丰度分别占 A50、A60、A70 处理细菌群落的 9.63%、10.98%、11.66%，显著高于 CK（5.10%）。*Nitrosomonadaceae* _ uncultured（亚硝化菌）相对丰度在 CK 细菌群落中为 6.59%，随灌水下限增加呈先升高后降低趋势，在 A50、A60、A70 处理中分别为 5.28%、6.06%、4.11%；*Nitrospira*（硝化菌）在 CK 细菌群落中相对丰度分别是其在 A50、A60、A70 处理细菌群落中的 1.16 倍、1.68 倍、2.00 倍。

（3）磷代谢菌群主要由 *Gemmatimonadaceae* _ uncultured、*Gemmatimonas*、*Gemmatimonadaceae* _ unclassified、*Ramlibacter* 4 个属组成，其在 A50、A60、A70 处理细菌群落中的总相对丰度分别是其在 CK 中的 1.09 倍、1.20 倍、1.03 倍。

（4）有机化合物代谢菌群由 *Arthrobacter*、*Nocardioides*、*Sphingomonas*、*Comamonas*、*Agromyces*、*Mycobacterium*、*Sphingobium*、*Sphingobacterium*、*Solimonadaceae* _ uncultured、*Thermomonosporaceae* _ unclassified、*Phenylobacterium* 11 个属组成，其在 A50、A60、A70 处理细菌群落中的总相对丰度分别比其在 CK 中的相对丰度低 3.49%、14.87%、18.90%。

（5）铁、硫代谢菌群主要由 *Rhodobacteraceae* _ unclassified、*Roseiflexus*、*Acidimicrobiales* _ norank 3 个属组成，其在 CK、A50、A60、A70 处理细菌群落中的总相对丰度分别为 1.81%、1.46%、1.36%、1.08%，CK 显著高于 A50、A60、A70 处理，且总相对丰度随灌水下限的升高呈降低趋势。

（6）植物致病菌群主要由 *Xanthomonadales* _ norank、*Xanthomonadaceae* _ unclassified 2 个属组成，其在 A50、A60、A70 处理细菌群落中总相对丰度分别是其在 CK 中相对丰度的 1.06 倍、93.75%、70.63%，A50、A60 处理与 CK 相近，A70 处理显著低于 CK。

（7）植物抗病菌群主要由 *Lactococcus*、*Micromonosporaceae* _ unclassified、*Lysobacter* 3 个属组成，其在 A50、A60、A70 处理细菌群落中的总相对丰度分别是其在 CK 中相对丰度的 85.05%、1.06 倍、1.13 倍。

（8）嗜盐菌（*Haliangium*）在 CK、A50、A60、A70 处理细菌群落中的相对丰度分别为 1.54%、1.76%、2.21%、1.91%，A50、A60、A70 处理分别是 CK 的 1.14 倍、1.43 倍、1.24 倍。*Truepera* 能在高盐碱条件下生长，其在 A50、A60、A70 处理细菌群落的相对丰度分别是其在 CK 中相对丰度的 4.71 倍、1.86 倍、2.14 倍。

（9）根瘤菌群主要由 *Bradyrhizobiaceae* _ unclassified、*Mesorhizobium*、*Rhizobiales* _ unclassified 3 个属组成，总相对丰度分别占 CK、A50、A60、A70 处理细菌群落的 1.04%、0.77%、0.74%、1.38%，A50、A60 处理显著低于 CK，而 A70 处理显著高于 CK。

4.2.2　地下滴灌根区土壤酶活性与土壤细菌群落

1. 土壤酶

S10 处理开花坐果期、成熟期脲酶活性与 CK 无显著差异，盛果期比其高 25.30%；开花坐果期磷酸酶活性比 CK 高 10.65%，盛果期、成熟期磷酸酶活性分别比 CK 低 33.04%、32.99%。S20 处理开花坐果期脲酶活性与 CK 无显著差异，盛果期比 CK 高 44.64%，成熟期比 CK 低 19.19%；开花坐果期、成熟期磷酸酶活性比 CK 低 27.04%、48.88%，盛果期与 CK 无显著差异。S30 处理开花坐果期、盛果期脲酶活性与 CK 无显著差异，成熟期脲酶活性比 CK 低 17.79%；开花坐果期、盛果期、成熟期磷酸酶活性都显著低于 CK。

表 4 - 13 地下滴灌根区土壤酶活性 [mg/(g · d)]

处理	土壤脲酶			土壤磷酸酶		
	开花坐果期	盛果期	成熟期	开花坐果期	盛果期	成熟期
CK	166.13a	200.43c	123.21a	103.65b	647.26a	108.33a
S10	145.79a	251.13ab	105.95ab	114.69a	433.43c	72.59b
S20	144.07a	289.91a	99.57b	75.62c	678.63a	55.38 c
S30	155.19a	204.36bc	101.29b	77.63c	503.38b	60.00c

2. 土壤细菌群落组成

由表 4 - 14 可知，CK、S10、S20 和 S30 处理番茄根区土壤的 DNA 序列数分别为 19 428、14 889、26 424 和 27 345，不同处理之间差异显著。以最少序列数 14 889 为标准，对各处理序列进行抽平分析，按照 97% 相似性对非重复序列（不含单序列）进行 OTU 聚类，结果发现各处理的 OTU 数差异显著，S20 和 S30 处理的 OTU 数显著多于 CK；菌群多样性指数无显著差异，但菌群丰度指数差异显著，S20 处理的菌群丰度指数显著大于 S10 处理和 CK，S30 处理则显著大于 CK，S10 处理与 CK 无显著差异。

表 4 - 14 地下滴灌根区土壤细菌群落序列、菌群丰度及多样性

处理	DNA 序列数	OTU	菌群丰度指数	菌群多样性指数	测序深度指数
CK	19 428b	1 181b	1 378c	5.96a	0.989a
S10	14 889c	1 201ab	1 387bc	6.03a	0.983a
S20	26 424a	1 256a	1 478a	6.13a	0.993a
S30	27 345a	1 255a	1 450ab	6.13a	0.994a

在门分类水平，对 CK、S10、S20、S30 处理细菌群落中占比大于 1% 的细菌种类进行了分析，占比小于 1% 统一用"其他"表

示。由表 4－15 可知，CK、S10、S20、S30 处理的细菌群落主要由 Proteobacteri（变形菌门）、Chloroflexi（绿弯菌门）、Actinobacteria（放线菌门）、Bacteroidetes（拟杆菌门）、Gemmatimonadetes（芽单胞菌门）、Acidobacteria（酸杆菌门）、Candidate_division_TM7、Firmicutes（厚壁菌门）、Planctomycetes（浮霉菌门）9 类组成，占 CK、S10、S30 处理细菌群落的比例为 97％，占 S20 处理细菌群落的比例为 95％。随滴灌管埋深增加（0～30 cm），Proteobacteri（变形菌门）在 CK、S10、S20、S30 处理细菌群落中的相对丰度依次下降，分别为 45.69％、43.05％、37.86％、35.56％；Chloroflexi（绿弯菌门）则先降低后升高，分别为 14.68％、11.19％、16.11％、20.35％；Actinobacteria（放线菌门）总体也呈先升高后降低趋势，分别为 14.34％、15.62％、12.53％、12.64％。Gemmatimonadetes（芽单胞菌门）在 S10、S20、S30 处理细菌群落中的相对丰度分别比 CK 高 57.58％、64.30％、34.55％；Acidobacteria（酸杆菌门）在 S20、S30 处理细菌群落中的相对丰度分别比 CK 低 12.62％、11.85％，在 S10 处理中则比 CK 高 38.92％；Candidate_division_TM7 在 S10、S20、S30 处理细菌群落中的相对丰度分别比 CK 高 29.96％、115.38％、36.44％；Firmicutes（厚壁菌门）在 S20、S30 处理细菌群落中的相对丰度分别比 CK 高 99.44％、28.73％，在 S10 处理中比 CK 高 32.59％；Planctomycetes（浮霉菌门）在 S10、S20 处理细菌群落中的相对丰度分别比 CK 低 20.21％、7.44％，在 S30 处理中比 CK 高 2.13％；Bacteroidetes（拟杆菌门）在 S10、S30 处理细菌群落中的相对丰度分别比 CK 高 41.64％、10.74％，在 S20 处理中比 CK 低 28.78％；Deinococcus－Thermus（异常球菌-栖热菌门）在 S10 处理细菌群落中相对丰度是 CK、S20、S30 处理的 5.93 倍、2.69 倍、2.91 倍；Candidate_division_OD1 在 S20 处理细菌群落中的相对丰度是 CK、S10、S30 处理的 2.68 倍、4.12 倍、2.02 倍；Thermotogae（热袍菌门）在 S20 处理细菌群落中的相对丰度是 CK、S10、S30 处理的 112.40 倍、167.76 倍、

11. 47 倍。

表 4 - 15　地下滴灌根区土壤细菌群落组成（门水平, %）

拉丁学名	CK	S10	S20	S30
Proteobacteria	45.69a	43.05b	37.86c	35.56d
Chloroflexi	14.68c	11.19d	16.11b	20.35a
Actinobacteria	14.34ab	15.62a	12.53b	12.64b
Bacteroidetes	7.54c	10.68a	5.37d	8.35b
Gemmatimonadetes	5.21d	8.21c	8.56b	7.01a
Acidobacteria	4.96c	3.03d	5.17b	6.36a
Candidate _ division _ TM7	2.47c	3.21b	5.32a	3.38b
Firmicutes	1.81c	1.22d	3.61a	2.33 b
Planctomycetes	0.94b	0.75d	0.87c	0.96a
Deinococcus - Thermus	0.29c	1.72a	0.64b	0.59b
Candidate _ division _ OD1	0.37c	0.24d	0.99a	0.49b
Thermotogae	0.01c	0.0067d	1.124a	0.098b
其他	1.64b	1.021c	1.79a	1.84a

　　细菌群落中一些门类细菌相对丰度低于 1%，其占整个细菌群落的比例不到 2%（其他），进一步对 CK、S10、S20、S30 处理中微量菌群落进行了分析，结果列入表 4 - 16。由表 4 - 16 可知，4 个处理中占比小于 1% 的细菌种类中，Nitrospirae 相对丰度最大，其在 S10、S20、S30 处理的相对丰度分别是 CK 的 1.18 倍、1.13 倍、1.07 倍。Chlorobi 在 S10、S20、S30 处理中的相对丰度分别是 CK 的 1.80 倍、1.68 倍、1.31 倍；Cyanobacteria 分别是 CK 的 62.94%、97.52%、1.08 倍；S10 处理中未检测到 Chlamydiae，Chlamydiae 在 S20、S30 处理中的相对丰度分别为 CK 的 67.74%、2.22 倍；Armatimonadetes 在 S10、S20、S30 处中的相对丰度分别是 CK 的 3.15 倍、1.85 倍、1.58 倍。

表 4 - 16 地下滴灌根区土壤微量细菌群群落组成（门水平，%）

拉丁学名	CK	S10	S20	S30
Nitrospirae	31.66d	37.49a	35.78b	33.73c
Bacteria _ unclassified	16.61a	5.92d	8.84c	10.71b
Elusimicrobia	13.47a	0d	4.21c	4.96b
JL - ETNP - Z39	6.89b	6.57b	8.21a	8.13a
Cyanobacteria	6.26a	3.94c	6.105b	6.74a
Chlorobi	4.38d	7.89a	7.368b	5.75c
Candidate _ division _ WS3	3.76c	1.31d	8.63a	5.75b
Candidate _ division _ WS6	2.82c	11.84a	2.94c	5.55b
BD1 - 5	0.31d	6.57a	5.26b	1.19c
Candidate _ division _ OP11	3.44a	1.97b	1.68c	0.59d
Armatimonadetes	1.25d	3.94a	2.31b	1.98c
Candidate _ division _ BRC1	0.62c	1.32a	1.05b	1.38a
Chlamydiae	0.62b	0d	0.42c	1.38a
其他	7.83b	11.18a	7.15b	12.10a

同时，对各处理细菌群落中相对丰度在前 100 位细菌的代谢功能进行了进一步分析，并根据代谢功能分成不同的功能菌群，主要包括有机碳代谢菌群、氮代谢菌群、磷代谢菌群、有机化合物代谢菌群等（表 4 - 17）。

表 4 - 17 地下滴灌根区土壤细菌功能群组成（属水平，%）

类型	拉丁学名	CK	S10	S20	S30
	Pseudomonas	14.33a	2.24b	1.97b	1.70b
	Flexibacter	2.96c	6.68a	2.37c	4.20b
有机碳代谢菌	*Streptomyces*	2.96a	3.46a	2.70a	3.01a
	Sphingomonadales _ unclassified	0.26b	0.39a	0.22b	0.19b
	Blastocatella	0.29b	0.19b	0.56a	0.51a

（续）

类型	拉丁学名	CK	S10	S20	S30
有机碳代谢菌	*Myxococcales* _ norank	1.57a	1.38a	0.95b	1.43a
	Acinetobacter	1.75a	0.02b	0.02b	0.03b
	Aeromicrobium	1.12ab	0.99b	1.46a	1.45a
	Gaiella	0.57c	0.82a	0.64b	0.53c
	Nonomuraea	0.42a	0.32a	0.26a	0.38a
	Dokdonella	0.31b	1.43a	0.29b	0.46b
氮代谢菌	固氮菌 *Devosia*	0.75ab	0.73ab	0.62b	0.83a
	Bacillus	1.25a	0.38b	1.94a	1.58a
	铵态氮降解菌 *Rhodospirillaceae* _ uncultured	1.75a	2.18a	2.06a	2.00a
	硝化细菌 *Nitrosomonadaceae* _ uncultured	6.56c	8.85a	7.46b	6.24c
	Nitrospira	0.42a	0.27b	0.46a	0.43a
	Hydrogenophaga	0.21a	0.20a	0.27a	0.28a
	反硝化细菌 *Chloroflexi* _ unclassified	2.71b	1.82c	2.91b	3.42a
	Luteimonas	0.24b	0.22b	0.54a	0.44a
	Steroidobacter	0.68a	0.50b	0.30c	0.53b
	Thermomonas	0.35c	0.40c	0.76a	0.58b
	Rhodanobacter	0.35c	1.19a	1.00a	0.58b
磷代谢菌	*Gemmatimonadaceae* _ uncultured	4.38b	6.99a	7.49a	6.52a
	Gemmatimonas	0.49c	0.98a	0.70b	0.46c
	Gemmatimonadaceae _ unclassified	0.28a	0.27a	0.29a	0.29a
	Panacagrimonas	0.15a	0.29a	0.29a	0.23a
有机化合物代谢菌	*Nocardioides*	1.11a	0.97a	0.30c	0.60b
	Sphingobium	1.03a	0.53c	0.77b	1.48a
	Solimonadaceae _ uncultured	1.03a	0.79b	1.08a	0.93a
	Sphingomonas	1.02d	1.69b	1.84a	1.41b
	Arthrobacter	0.79a	0.24c	0.85a	0.68b
	Agromyces	0.51a	0.48a	0.41a	0.43a
	Comamonas	0.35a	0.36a	0.33a	0.33a
	Mycobacterium	0.29c	0.60a	0.49ab	0.41b

（续）

类型	拉丁学名	CK	S10	S20	S30
铁、硫代谢菌	*Acidimicrobiales* _ norank	1.20a	1.38a	1.06a	1.25a
	Roseiflexus	0.38a	0.21b	0.28b	0.32a
	Rhodobacteraceae _ unclassified	0.22b	0.43a	0.29ab	0.20b
	Acidimicrobiaceae _ uncultured	0.14b	0.41a	0.35a	0.17b
植物致病菌	*Xanthomonadales* _ norank	1.44b	2.00a	1.38b	1.14c
	Xanthomonadaceae _ unclassified	0.15b	0.31a	0.32a	0.28a
植物抗病菌	*Lactococcus*	0.51b	0.46b	0.96a	0.62b
	Micromonosporaceae _ unclassified	0.41a	0.47a	0.19b	0.19b
	Lysobacter	0.15b	0.29a	0.33a	0.18b
嗜盐菌	*Haliangium*	1.53c	3.13a	2.28b	2.15b
	Truepera	0.35c	2.04a	0.75b	0.70b
根瘤菌	*Bradyrhizobiaceae* _ unclassified	0.44a	0.25b	0.20b	0.42a
	Mesorhizobium	0.34a	0.36a	0.29a	0.37a
	Rhizobiales _ unclassified	0.26a	0.31a	0.37a	0.30a
	Methylobacteriaceae _ uncultured	0.18c	0.34a	0.25b	0.23b

（1）有机碳代谢菌群主要由 *Pseudomonas*、*Streptomyces*、*Flexibacter*、*Acinetobacter*、*Myxococcales* _ norank、*Aeromicrobium*、*Nonomuraea*、*Blastocatella*、*Sphingomonadales* _ unclassified、*Gaiella*、*Dokdonella* 11 个属组成，其在 CK、S10、S20、S30 处理细菌群落中的总相对丰度分别为 26.55%、17.91%、11.43%、13.89%，CK 显著高于其他处理。其中，10 个属细菌在各个处理中的相对丰度差异显著，*Pseudomonas*（假单胞菌属）在 CK 中的相对丰度为其在 S10、S20、S30 处理的 6.39 倍、7.27 倍、8.48 倍，*Acinetobacter*（不动杆菌属）在 CK 中的相对丰度为其在 S10、S20、S30 处理的 87.5 倍、87.5 倍、58.33 倍，*Dokdonella* 在 S10 处理中的相对丰度为其在 CK、S20、S30 处理的 4.61 倍、4.93 倍、3.11 倍。

（2）氮代谢菌群主要由 *Nitrosomonadaceae* _ uncultured、*Chloroflexi* _ unclassified、*Rhodospirillaceae* _ uncultured、*Bacillus*、*Steroidobacter*、*Nitrospira*、*Thermomonas*、*Rhodanobacter*、*Luteimonas*、*Hydrogenophaga*、*Devosia* 11 个属组成，其在 CK、S10、S20、S30 处理细菌群落中的总相对丰度分别为 15.28%、16.74%、18.31%、16.91%。其中，*Bacillus* 和 *Devosia* 具有固氮作用，在 CK、S10、S20、S30 处理细菌群落中的相对丰度分别为 1.99%、1.11%、2.56%、2.41%，随滴灌管埋深增加先升高后降低。*Chloroflexi* _ unclassified、*Thermomonas*、*Rhodanobacter*、*Luteimonas*、*Hydrogenophaga*、*Steroidobacter* 等具有反硝化作用，其总相对丰度分别占 CK、S10、S20、S30 处理细菌群落的 4.54%、4.32%、5.78%、5.82%。*Rhodospirillaceae* _ uncultured 具有降解铵态氮作用，其在 CK、S10、S20、S30 处理细菌群落中的相对丰度分别为 1.75%、2.18%、2.06%、2.00%。*Nitrosomonadaceae* _ uncultured（亚硝化菌）相对丰度在 CK 中为 6.56%，随地下滴灌埋深增加呈降低趋势，在 S10、S20、S30 处理中分别为 8.85%、7.46%、6.24%；*Nitrospira*（硝化菌）在 CK、S20、S30 处理中相对丰度差异小，分别为 0.42%、0.46%、0.43%，在 S10 处理中为 0.27%，显著低于 CK。

（3）磷代谢菌群主要由 *Gemmatimonadaceae* _ uncultured、*Gemmatimonas*、*Gemmatimonadaceae* _ unclassified、*Panacagrimonas* 4 个属组成，其总相对丰度分别占 CK、S10、S20、S30 处理细菌群落的 5.30%、8.54%、8.77%、7.50%，S10、S20、S30 处理显著高于 CK。

（4）有机化合物代谢菌群由 *Nocardioides*、*Sphingomonas*、*Sphingobium*、*Arthrobacter*、*Agromyces*、*Comamonas*、*Mycobacterium*、*Solimonadaceae* _ uncultured 8 个属组成，其总相对丰度占 CK、S10、S20、S30 处理细菌群落的 6.12%、5.66%、6.08%、6.27%，各处理间相差不大。

（5）铁、硫代谢菌群由 *Rhodobacteraceae* _ unclassified、*Aci-*

dimicrobiaceae _ uncultured、*Roseiflexus*、*Acidimicrobiales* _ norank 4 个属组成，在 CK、S10、S20、S30 处理细菌群落中的总相对丰度分别为 1.94%、2.43%、1.98%、1.93%，各处理间相差不大。

（6）植物致病菌群主要由 *Xanthomonadales* _ norank、*Xanthomonadaceae* _ unclassified 2 个属组成，其总相对丰度分别占 CK、S10、S20、S30 处理细菌群落的 1.59%、2.31%、1.70%、1.42%，各处理间相差不大。

（7）植物抗病菌群主要由 *Lactococcus*、*Micromonosporaceae* _ unclassified、*Lysobacter* 3 个属组成，其总相对丰度分别占 CK、S10、S20、S30 细菌群落的 1.06%、1.21%、1.47%、0.99%，S10、S20 处理分别比 CK 高 14.15%、24.53%，S30 处理比 CK 低 6.60%。

（8）嗜盐菌（*Haliangium*）相对丰度分别占 CK、S10、S20、S30 处理细菌群落的 1.53%、3.13%、2.28%、2.15%，S10、S20、S30 处理分别是 CK 的 2.05 倍、1.49 倍、1.41 倍。

（9）根瘤菌群主要由 *Bradyrhizobiaceae* _ unclassified、*Mesorhizobium*、*Rhizobiales* _ unclassified、*Methylobacteriaceae* _ uncultured 4 个属组成，总相对丰度分别占 CK、S10、S20、S30 处理细菌群落的 1.21%、1.25%、1.12%、1.32%，各处理间差异不大。

4.3　覆膜滴灌对根区土壤微生物及土壤酶的影响机理

4.3.1　覆膜方式

本章结果发现，半膜覆盖时，0～60 cm 土层土壤含水率极差值最小，土壤水分分布更均匀，0～25 cm 土层土壤平均温度较高且与全膜覆盖无显著差异，与 1 管 2 行、80%田间持水量灌水下限交互的土壤 pH 较低，土壤脲酶活性最高。这是由于不同的覆膜方式对作物根区土壤的水分供应作用不同（文宏达等，2006），无膜覆盖土壤透气性好，显著促进微生物生长，有利于提高土壤脲酶活性，但无膜水分蒸发量大；全膜覆盖可以有效减少土壤水分蒸发（Dai et al.，2014），提高表层土壤温度和湿度（申丽霞等，2011；Zhou et al.，2009），促进了开花坐果期细菌生长，但全膜严重阻碍土壤和大气间联系，抑制土壤呼吸（Okuda et al.，2007；Reicosky et al.，2008），抑制了果实膨大期土壤细菌生长。半膜覆盖使作物根部土壤与大气保持一定的联系，避免全膜覆盖导致的土壤厌氧因素增加（高翔等，2014），可能更有利于土壤环境中水、热平衡和稳定，显著促进细菌、放线菌和真菌数量增长，提高土壤酶活性。研究表明，在 $-40 \sim 20$ ℃范围内，随着温度升高，土壤脲酶最大反应速度增大，土壤脲酶活化能减少，土壤酶促反应进行时所需互补能量越小，酶促反应越易进行。和文祥等（2002）发现，陕西关中塿土脲酶活性最适宜的 pH 为 $8.0 \sim 9.0$，并随 pH 的升高而降低。而本章结果表明，半膜覆盖的土壤温度最高，土壤 pH 接近 8.2，因此半膜覆盖在促进微生物生长、增加土壤酶来源的同时，其本身营造的土壤环境也有利于土壤脲酶活性的提高。

随着土壤地膜覆盖度的降低，开花坐果期土壤磷酸酶活性先升高后降低，在半膜覆盖时达到最大，放线菌数量的最大值与磷酸酶一样出现在半膜覆盖时。本章结果表明，土壤磷酸酶活性与放线菌数量极显著正相关。无膜土壤的透气性好，有利于土壤中代谢速率快的好氧细菌生长繁殖，细菌数量多，而细菌与放线菌显著负相关，细菌的大量繁殖将抑制放线菌生长，不利于土壤磷酸酶活性提高。全膜覆盖使土壤中厌氧因素增加（高翔等，2014），不利于放线菌生长，可能使土壤磷酸酶活性降低。半膜覆盖在一定程度上促进放线菌生长，而放线菌能显著提高土壤磷酸酶活性。宋勇春等（2001）通过向土壤中接种菌根真菌能显著增加玉米根际土壤磷酸酶活性，但影响范围有限且不稳定。本研究通过调控作物根区土壤环境，促进放线菌等微生物生长，能稳定提高磷酸酶活性。

4.3.2 灌水下限

本章结果表明，80％田间持水量灌水下限处理在甜瓜各生长阶段的土壤脲酶活性都高、相对均匀，60％田间持水量灌水下限处理在果实膨大期、成熟期的脲酶活性较高，70％田间持水量灌水下限处理则在苗期具有较高的脲酶活性。当灌水下限为60％田间持水量时，相对干燥的土壤通气良好，这将促进好氧、对水分需求不高的微生物大量繁殖，也能提高土壤酶活性，因此土壤脲酶活性较高。灌水下限升高到70％田间持水量时，土壤湿度增加，大幅度提高表层土壤容积热容量，从而降低了土壤温度，不利于微生物生长，土壤脲酶活性降低。灌水下限升高到80％田间持水量时，土壤容积热容量将急剧增大，但土壤含水率明显增大而有利于保持热量，因此土壤温度升高，同时水分增加稀释了土壤盐分而降低了土壤pH，促进了水、热迁移。较高的地温、接近中性的pH有利于土壤脲酶活性的提高。研究发现，灌水周期较长、低灌水量能促进微生物生长，提高脲酶活性，而高灌水量会显著降低土壤脲酶活性（李华等，2014；米国全等，2005），这与本研究结果有差异，原因可能是不同作物需水量不同，根系生长不同，进而造成了根区土壤环境不同。

本章结果表明，开花坐果期土壤磷酸酶活性随灌水下限的升高先降后升，80％田间持水量灌水下限土壤磷酸酶活性最大，放线菌数量也最大。灌水量为60％田间持水量时，土壤透气性好，利于好氧放线菌生长，提高土壤磷酸酶活性。随着土壤湿度增加，土壤磷酸酶活性、放线菌数量最低值出现在70％田间持水量灌水下限，当灌水下限升高到80％田间持水量，土壤透气性变弱，厌氧因素增加，将抑制好氧微生物生长，降低土壤酶活性。这将促使部分厌氧放线菌大量繁殖，同时真菌随水分增加生长繁殖加快，数量也增多（周德庆，1987）。真菌数量的增加将利于土壤有机物分解，进而促进放线菌生长（Schortemeyer et al.，1997），显著提高土壤磷酸酶活性（Ghorbani‐Nasrabadi et al.，2013）。米国全等（2005）

发现，高灌水量可显著降低番茄土壤磷酸酶活性，这与本书研究结果不一致，可能的原因是该研究在试验中设置了氮肥处理，氮肥的施入将促进氮肥相关细菌生长，而根据本书试验结果，细菌大量繁殖可能造成了对放线菌的抑制（放线菌与细菌数量呈负相关），放线菌数量减少，将使磷酸酶活性降低。

4.3.3　滴灌毛管密度

本章结果表明，3 管 4 行处理的甜瓜生育期内土壤脲酶活性均值最大，1 管 2 行最小，但 1 管 2 行在开花坐果期、果实膨大期 2 个生育阶段的土壤脲酶活性与 3 管 4 行无显著差异，而开花坐果期和果实膨大期是甜瓜吸收养分的关键时期。研究表明，毛管密度能显著影响土壤水、热状况（宰松梅等，1991），本书试验也发现 1 管 2 行的 0～60 cm 土层土壤含水率极差值最小、水分均匀度最高，土壤温度较高，土壤 pH 更接近中性，促进了微生物生长，这将促进土壤脲酶活性提高（和文祥等，2002）。

开花坐果期土壤磷酸酶和放线菌受灌水量影响最大，覆盖方式次之，滴灌毛管密度最小。1 管 1 行时，放线菌数量、土壤磷酸酶活性最大；1 管 2 行时，放线菌数量最少，但土壤磷酸酶活性也较高，原因可能是根系生长促进了土壤磷酸酶活性提高。

4.3.4　交替滴灌

相同灌水量条件下，交替滴灌番茄开花坐果期和果实膨大期的土壤脲酶和磷酸酶活性与地表滴灌无显著差异，成熟期则显著低于地表滴灌。但交替滴灌番茄根区土壤的 DNA 序列数显著增加，说明促进了番茄根区土壤微生物生长，并显著改变了番茄根区土壤细菌群落组成。与地表滴灌相比，交替滴灌的有机碳代谢菌群、铁和硫代谢菌、植物致病菌相对丰度显著降低；氮代谢菌群中的固氮菌、反硝化细菌相对丰度显著升高，亚硝化、硝化细菌相对丰度下降；嗜盐菌群、植物抗病菌相对丰度显著升高；磷代谢菌相对丰度则变化不大。交替滴灌下，番茄根区土壤相对频繁的干湿交替

（Hutton et al.，2011），造成根区土壤微环境稳定性的动态波动，必然加快土壤细菌群落结构和功能的动态平衡重塑，进一步强化作物根区土壤微环境的水分、养分运移及分布的异质性差异（Bronick et al.，2005），这可能更有利于活化一些功能代谢菌。反硝化细菌相对丰度的增加则可能加快土壤氮的流失（Ma et al.，2015），但同时固氮菌丰度的升高有利于提高土壤氮素养分（Taylor et al.，2010）。植物病害菌相对丰度的降低、植物病害防治菌相对丰度的提高，有利于维持土壤环境健康和促进作物生长（Pugliese et al.，2011）。

交替滴灌灌水量不同，干湿交替频率不同，造成根区土壤温度、酸碱度、孔隙度等环境因素不同（Raine et al.，2007；Sasal et al.，2006），将影响微生物群落结构和功能。本章结果表明，不同灌水量下限交替滴灌的番茄根区土壤细菌群落显著不同。灌水下限为田间持水量50％时，根区土壤样本的 DNA 序列数最大，菌群丰度指数最大，有机碳代谢菌和氮代谢菌总相对丰度、反硝化细菌相对丰度显著低于灌水下限为 60％和 70％田间持水量处理；根瘤菌相对丰度显著低于灌水下限为 70％田间持水量处理；固氮菌、硝化细菌相对丰度与 60％和 70％田间持水量处理无显著差异；铵态氮降解菌、亚硝化细菌、植物致病菌相对丰度显著大于 70％田间持水量，但与 60％田间持水量无显著差异；磷代谢菌相对丰度显著小于 60％田间持水量，但与 70％田间持水量无显著差异。相对干燥土壤透气性较好，好氧的硝化细菌、植物致病菌群丰度高，而厌氧的反硝化细菌、根瘤菌的相对丰度低，也会造成发酵腐化有机质的相关代谢菌丰度降低，进而降低了有机碳代谢菌群相对丰度。同时，细菌丰度指数与土壤孔隙度呈负相关，特别是与 0～10 cm 的土壤孔隙度显著负相关。较低灌水量（50％田间持水量）造成土壤干湿交替频繁，破坏团聚体（Adu et al.，1978）、降低土壤孔隙度（Kemper et al.，1985），降低了根区有益微生物（有机碳代谢菌和氮代谢菌）的相对丰度，其根区土壤的盛果期脲酶、磷酸酶活性显著低于灌水下限 60％或 70％田间持水量根区土壤（表 4 - 18）。

表4-18 交替滴灌土壤与细菌生长的相关性

指标	细菌 DNA 丰度指数	氮代谢菌	磷代谢菌	有机碳代谢菌	根瘤菌	植物致病菌	植物抗病菌	嗜盐菌	铁、硫代谢菌
盛果期脲酶	−0.92	0.99*	0.65	0.25	−0.097	−0.29	0.65	−0.68	−0.12
盛果期磷酸酶	−0.035	0.19	−0.63	0.95	0.96	−0.91	0.84	−0.82	−0.99*
土壤速效氮	−0.95	0.91	0.52	0.41	0.073	−0.45	0.77	−0.801	−0.35
土壤有效磷	−0.42	0.55	−0.29	0.95	0.79	−0.96	0.98	−0.98	−0.93
生育期内平均二氧化碳通量	0.28	−0.43	0.42	−0.98	−0.87	0.93	−0.955	0.94	0.75
土壤平均温度	−0.52	0.65	−0.17	0.91	0.71	−0.92	0.99*	−0.97	−0.88
土壤平均 pH	0.86	−0.95	−0.846	0.035	0.379	0.006	−0.41	0.450	−0.099
0～10 cm 土壤孔隙度	−0.99*	0.96	0.69	0.20	−0.14	−0.24	0.62	−0.651	−0.142
0～20 cm 土壤孔隙度	−0.59	0.74	−0.093	0.87	0.65	−0.89	0.99*	−1.0**	−0.843
0～30 cm 土壤孔隙度	−0.62	0.743	−0.051	0.85	0.621	−0.875	0.96	−0.99*	−0.819
0～40 cm 土壤孔隙度	−0.89	0.956	0.37	0.55	0.21	−0.58	0.87	−0.88	−0.500

随着灌水下限升高，土壤透气性减弱。固氮菌、根瘤菌好氧生长且对土壤湿度要求较高（González et al.，2015；Miransari，2014），在灌水下限由50％田间持水量转为70％田间持水量时，其丰度先降后升，在60％田间持水量时丰度最低。灌水下限为70％田间持水量时，土壤含水率最大，透气性进一步减弱，土壤干湿交替频率相对降低，土壤内部细微结构波动减小，稳定的土壤结构促进土壤微生物生长。试验结果表明，与灌水下限为60％田间持水量相比，70％田间持水量的番茄根区土壤有机碳代谢菌、植物抗病菌总相对丰度显著增加，氮代谢菌总相对丰度、固氮菌和反硝化细菌相对丰度无显著变化，铵态氮、亚硝化细菌、嗜盐菌相对丰度显著降低。土壤孔隙度与嗜盐菌呈显著负相关，土壤孔隙度增加提高了土壤水盐运移的复杂性，不利于盐分在特定位置聚集；但良好的孔隙度利于好氧菌生长，0～20 cm 土壤孔隙度与植物抗病菌显著

正相关。灌水下限为 70％田间持水量处理的番茄根区 0～20 cm、0～30 cm 土壤孔隙度最大，因此能优化调控细菌群落结构，显著促进植物抗病有益菌生长，减少亚硝酸盐在根区过度聚集，形成良好的根区环境。试验结果也表明，灌水下限为 70％田间持水量处理番茄根区土壤的盛果期脲酶活性与 60％田间持水量根区土壤无显著差异，但盛果期磷酸酶活性显著高于 60％田间持水量处理（表 4 - 18）。

4.3.5　地下滴灌

在一定的土壤基质条件下，地下滴灌土壤水分运移和分布显著不同于地表滴灌，具有保水性强、导水优良的土壤物理和水力学特征，灌水质量优于地表滴灌（Li et al.，2010），形成利于作物健康生长的根域微环境（Camp，1998）。与地表滴灌相比，地下滴灌的番茄根区土壤有机碳代谢菌相对丰度较低，氮磷代谢菌、嗜盐菌、植物抗病菌相对丰度显著升高，硫、铁代谢菌与植物致病菌、根瘤菌相对丰度差异不大。氮磷代谢菌丰度增加利于活化土壤养分，但本书试验发现，地下滴灌番茄根区土壤磷酸酶活性显著降低，原因可能是本书试验中地下滴灌灌水量比地表滴灌低 10％造成的。植物抗病菌相对丰度的提高，有利于抑制病害细菌生长繁殖，维持根区土壤环境健康和促进作物生长（Puglieseet al.，2011）。

土壤水分分布状况对作物根区水分、养分、pH 和温度等环境因素有重要影响（王建东等，2009b），进而影响土壤微生物群落。地下滴灌不同毛管埋深会造成土壤水分均匀度、湿润区域、稳定性的不同（Douh et al.，2013），必然对根区微生物造成影响。随着滴灌毛管埋深增加，有机质代谢先减弱后增强。滴灌毛管埋深 10 cm 的有机碳代谢菌相对丰度显著低于地表滴灌，但显著高于埋深为 20 cm 和 30 cm 的地下滴灌。滴灌毛管埋深 20 cm 有机碳代谢菌群相对丰度为地表滴灌相对丰度的 43％，滴灌毛管埋深 30 cm 约为地表滴灌相对丰度的 50％。原因可能是地下滴灌条件下，其他功能菌的生长繁殖挤压了有机碳代谢菌在土壤中的生态位（Kaymak，2011），造成了其相对丰度的下降。

随着滴灌毛管埋深增加，氮代谢先增强后减弱。滴灌毛管埋深10 cm 时氮代谢菌总相对丰度比地表滴灌高 1.44%，滴灌毛管埋深20 cm 时比地表滴灌高 3.03%，滴灌毛管埋深 30 cm 时比地表滴灌高 1.63%。进一步分析发现，滴灌毛管埋深不同，氮代谢菌群的构成也不同，将造成土壤氮代谢路径的差异。随滴灌毛管埋深增加，铵态氮降解菌、亚硝化细菌相对丰度（显著高于地表滴灌）呈降低趋势，硝化细菌相对丰度增加（埋深 20 cm 和 30 cm 差异不显著但都显著高于 10 cm），根区土壤氨化作用、亚硝化作用减弱而硝化作用增强，这将促使土壤中的铵盐更多转化为硝酸盐，减少中间产物亚硝酸盐，利于消除土壤中氨、亚硝酸盐的积累对植株根系的危害并减少氮肥损失（Ma et et al.，2015），促进土壤氮素活化（Taylor，2010）。滴灌毛管埋深 10～30 cm，反硝化细菌相对丰度显著增加（埋深 20 cm 和 30 cm 差异不显著但都显著高于 10 cm），反硝化作用增强，这可能造成土壤有效氮减少，增强土壤氮素气体生成（Kool et al.，2011；Köster et al.，2013）。滴灌毛管埋深20 cm 时，固氮菌相对丰度显著大于其他处理，能提高固氮作用，利于土壤氮素获得（Siczek et al.，2011）。滴灌毛管埋深增加到30 cm 时，固氮菌相对丰度显著降低，固氮作用减弱，不利于土壤氮素固定。另外，随着滴灌毛管埋深增加，磷代谢菌群相对丰度先增后减，滴灌毛管埋深 20 cm 显著高于其他处理，利于增强土壤磷素代谢（Balemi et al.，2012；Jones et al.，2011）。

滴灌毛管埋深不同对嗜盐菌、植物抗病菌与硫、铁代谢菌等功能菌也有显著影响，但对土壤中植物致病菌相对丰度无显著影响（与地表滴灌无显著差异）。滴灌毛管埋深 10 cm 时，嗜盐菌、植物抗病菌与硫、铁代谢菌相对丰度显著高于地表滴灌。滴灌毛管埋深20 cm 时，嗜盐菌相对丰度高于地表滴灌但低于滴灌毛管埋深10 cm 地下滴灌，植物抗病菌相对丰度显著高于滴灌毛管埋深10 cm 地下滴灌与地表滴灌。滴灌毛管埋深 30 cm 时，嗜盐菌相对丰度略低于滴灌毛管埋深 20 cm 地下滴灌，植物抗病菌相对丰度低于地上滴灌。因此，滴灌毛管埋深 10 cm 时，有利于土壤中铁硫代谢和土壤环境健康；滴灌毛管埋深 20 cm 时，根区土壤盐分含量低于滴灌毛管埋深10 cm，且能增强土壤保持健康的能力；滴灌毛管埋深 30 cm 也有利于减少根区土壤盐分，但却增加了植株感染病害的风险。

4.4 本章小结

4.4.1 覆膜滴灌布设措施的影响

不同的覆膜方式、滴灌毛管密度、灌水下限对土壤脲酶和磷酸酶活性有显著影响。土壤脲酶活性与细菌数量显著相关性。土壤磷酸酶活性与放线菌数量极显著正相关，土壤磷酸酶活性、放线菌数量受灌水下限影响最大，受滴灌毛管密度影响最小。半膜覆盖、1管 2 行和 80％田间持水量灌水下限甜瓜土壤水分分布更均匀，土壤温度高，显著促进土壤微生物生长，提高脲酶和磷酸酶活性。

4.4.2 覆膜滴灌供水方式的影响

与地表滴灌相比，交替滴灌和地下滴灌能显著改善番茄根区土壤细菌群落构成，降低有机碳代谢菌群相对丰度，明显提高氮、磷代谢菌与植物病害防治菌等有益功能菌相对丰度，更有利塑造适宜作物生长的根区土壤环境。

第5章 覆膜滴灌对设施作物根系生长和
土壤养分利用的影响

　　根系是作物吸收土壤水分和养分、向地上植株输送营养的重要器官，其生长受根区土壤环境制约，又直接影响土壤水分、养分的消耗与动态变化。根区"土壤—根系—微生物及酶"构成一个联系紧密的动态变化体系，不断发生相互作用（Santos et al.，2016），影响土壤物质流动和能量交换。土壤酶是农田土壤中养分分解、转化和能量流动的重要动力（Doran et al.，2000；Khumoetsile et al.，2000）。土壤酶活性主要来源于土壤微生物（Grierson et al.，2000），受根区土壤水、热、气状况（Zhao et al.，2006）制约，也受根系生长影响。研究表明，植物根系既可直接分泌土壤酶（Grierson et al.，2000；Tabatabai et al.，2002），也可通过根系分泌物刺激土壤微生物活性来影响土壤酶（Agnuson et al.，1992；Garcia - Gil et al.，2000；Siegel，1993；Speir et al.，1978）。

　　覆膜滴灌的不同覆膜方式、灌水下限、滴灌毛管密度等布设措施以及供水方式（地上滴灌、地下滴灌、交替滴灌）可形成不同的根区土壤水、热、气环境，不仅直接影响土壤酶活与强度（Frankenberger et al.，1983；关松荫等，1986；Kang et al.，1999；Tiwari et al.，1989），而且影响根系生长。不同的根系生长对土壤细微结构、养分运移分布、微生物生长（Huan，2012）、酶（Garcia - Gil et al.，2000；Siegel，1993）影响不同，这些变化将影响作物根系生长和土壤养分吸收利用（Khumoetsile et al.，2000）。

　　在设施作物种植中，土壤氮磷肥输入量大，利用效率低（Mda et al.，1998），土壤肥料残留严重影响土壤质量（Geisseler et al.，

2014）。因此，采取不同的覆膜滴灌农艺措施，对影响作物根系生长，调控"土壤—根系—微生物"相互作用（Dodor，2003；Jacqueline et al.，2012）、促进土壤养分循环（Adesemoye et al.，2009）和吸收（Hernandez et al.，2004；Lambers et al.，2009）具有重要意义。

5.1 覆膜滴灌布设措施对作物根系生长、土壤养分利用的影响

以设施甜瓜为研究对象，研究了覆膜方式、滴灌毛管密度和灌水下限 3 种覆膜滴灌布设措施对作物根系生长、土壤养分利用的影响（试验设计见第 2 章）。

5.1.1 根系生长

图 5-1 为不同覆膜滴灌处理设施甜瓜不同生育阶段的根系生长情况。由图 5-1 可知，从开花坐果期至成熟期，根长、根面积、根体积总体呈增加趋势；根系活力呈先增大后减小趋势，在果实膨大期达到最大值。灌水下限为 80％田间持水量时，根长在果实膨大期至成熟期衰减。

随着覆膜度增加，成熟期根长、根面积、根体积先减后增，半膜覆盖时成熟期根长、根面积、根体积最小，根长分别比全膜和无膜覆盖低 52.41％和 26.04％，根面积分别比全膜和无膜覆盖低 40.74％和 29.77％，根体积分别比全膜和无膜覆盖低 21.43％和 49.07％。

随着毛管密度增加，成熟期根长先减后增，根面积、根体积呈先增后减趋势。毛管布设为 1 管 2 行时，成熟期根长最长，分别比 1 管 1 行和 3 管 4 行高 7.43％和 24.92％；毛管布设为 3 管 4 行时，成熟期根面积、根体积最大，根面积分别比 1 管 1 行和 1 管 2 行高 5.74％和 6.42％，根体积分别比 1 管 1 行和 1 管 2 行高 49.96％和 64.79％。

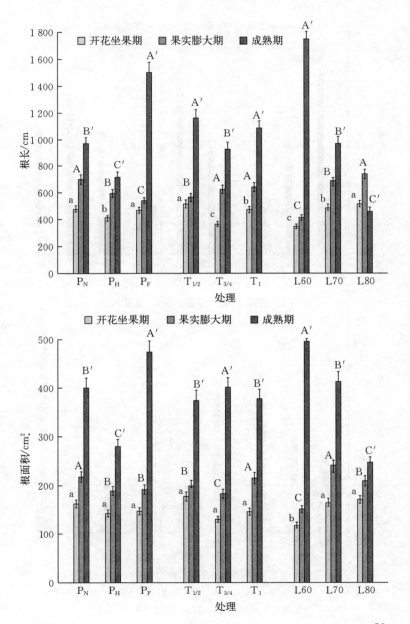

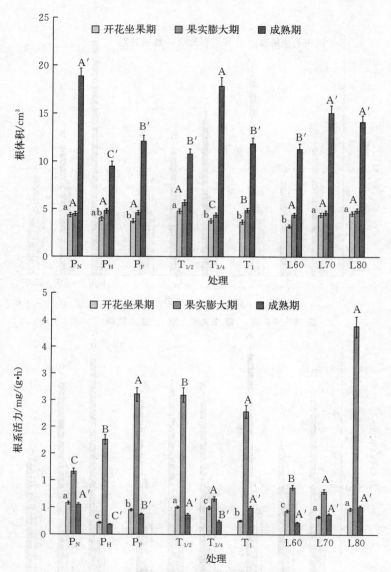

图 5-1 设施甜瓜不同生育阶段的根系生长

注：a（b、c）、A（B、C）和 A′（B′、C′）分别表示不同处理在开花坐果期、
果实膨大期和成熟期的差异达显著（$P<0.05$）。

随着灌水下限增大，成熟期根长、根面积呈减小趋势，灌水下限为 60％田间持水量时最大，70％田间持水量次之、80％田间持水量最小。灌水下限为 60％田间持水量时，成熟期根长分别是 70％田间持水量和 80％田间持水量的 1.80 倍和 3.75 倍，成熟期根面积分别是 70％田间持水量和 80％田间持水量的 1.20 倍和 2.00 倍。成熟期根体积随灌水下限增大先增后减，灌水下限为 70％田间持水量时最大，80％田间持水量次之、60％田间持水量最小。灌水下限为 70％田间持水量时，成熟期根体积分别比 80％田间持水量和 60％田间持水量高 6.64％和 33.26％。

随着覆膜度增加，果实膨大期根系活力呈升高趋势，全膜覆盖时最大，分别比半膜和无膜高 47.72％和 124.13％；随着滴灌毛管密度增大，果实膨大期根系活力先减后增，3 管 4 行时最小，分别比 1 管 1 行和 1 管 2 行低 71.49％和 74.90％。灌水下限为 80％田间持水量的果实膨大期根系活力最高，分别为 60％田间持水量和 70％田间持水量的 4.45 倍和 4.89 倍。

5.1.2　土壤酶、微生物与甜瓜根系相关性分析

1. 土壤脲酶、微生物

由表 5-1 可知，脲酶与根系活力极显著正相关，细菌与根系活力显著正相关；放线菌、真菌与根长、根面积、根体积极显著负相关，真菌与根系活力极显著正相关。根系生长指标之间也具有相

表 5-1　土壤脲酶与土壤微生物和根系生长各指标之间的简单相关性

因子	脲酶	细菌	放线菌	真菌	根长	根面积	根体积	根系活力
根长	0.129	−0.144	−0.591**	−0.534**	1	0.939**	0.637**	−0.155
根面积	0.104	−0.225	−0.675**	−0.685**	0.939**	1	0.850**	−0.227
根体积	−0.004	−0.325	−0.605**	−0.752**	0.637**	0.850**	1	−0.292
根系活力	0.662**	0.397*	−0.081	0.647**	−0.155	−0.227	−0.292	1

注：＊代表显著相关，＊＊代表极显著相关，下同。

关性，根长与根面积、根体积极显著正相关，根面积与根体积极显著正相关。土壤微生物之间也具有一定相关性（表4-5），因此又进行了偏相关分析，结果列入表5-2。脲酶与细菌、根系活力极显著相关，与真菌显著相关。

表5-2　偏相关分析

控制因子	因子	细菌	真菌	根系活力
根长				
根面积				
根体积	脲酶	0.583**	0.433*	0.671**
放线菌				

2. 土壤磷酸酶、微生物

为了明确土壤磷酸酶、微生物与根系生长的关系，进行了相关性分析，结果见表5-3。

表5-3　简单相关性和试验因素对土壤磷酸酶的偏相关分析

项目	因子	磷酸酶	根长	根体积	根面积	根系活力
	根长	−0.475*	1	−0.042	0.849**	−0.355
	根体积	−0.491**	−0.042	1	0.449*	−0.489**
相关性	根面积	−0.704**	0.849**	0.449*	1	−0.610**
	根系活力	0.597**	−0.355	−0.489**	−0.610**	1
	控制因子	因子				
偏相关	磷酸酶	放线菌	−0.275	−0.369	−0.447*	0.394*

由表5-3可知，磷酸酶与根长、根体积、根面积极显著负相关，与根系活力极显著正相关。根系生长指标之间存在一定的相关性，根长与根面积极显著正相关；根体积与根面积显著正相关；根

系活力与根面积、根体积极显著负相关。微生物与根系之间也存在一定的相关性，放线菌与根长、根面积、根体积极显著负相关、与根系活力极显著正相关，真菌与根体积显著负相关。细菌与放线菌之间显著负相关（表4-7）。

由第4章可知，土壤磷酸酶与放线菌显著相关，为了确定放线菌与根系生长之间的关系，以磷酸酶为控制因子，进一步进行了偏相关分析（表5-3），结果发现放线菌与根面积显著负相关，与根系活力显著正相关。

5.1.3　土壤养分吸收利用

不同覆膜方式、灌水下限、滴灌毛管密度造成根系生长和微生物数量不同，影响土壤酶活性，进而影响土壤养分吸收利用（表5-4）。

表5-4　不同滴灌处理对土壤养分和甜瓜生长的影响

处理	养分初始值/g/kg	氮肥偏生产力/kg/kg	全氮/g/kg	全磷/g/kg	有机质/g/kg	根重比/%	植株重比/%	果实重比/%
P_N		270.67c	1.194b	1.342a	10.113a	1.39a	29.64a	68.91b
P_H		349.89a	1.278a	1.338a	9.494b	1.42a	26.37b	72.21a
P_F	N：1.336	324.00b	1.280a	1.118b	9.551b	1.34a	28.77a	69.89b
$T_{1/2}$		316.33ab	1.323a	1.401a	10.027a	1.32a	26.10b	72.57a
$T_{3/4}$	P：1.388	327.00a	1.330a	1.214b	9.461c	1.48a	24.73b	73.81a
T_1	有机质：10.996	301.22b	1.099b	1.182b	9.670b	1.36a	33.94a	64.63b
L60		276.00b	1.301b	1.089c	9.729a	1.49a	29.53a	68.97b
L70		338.33a	1.178b	1.318b	9.654b	1.31b	25.92a	72.74a
L80		330.33a	1.273b	1.391a	9.773a	1.36b	29.32a	69.30b

注：不同小写字母表示同一个试验因素的不同因素水平处理间差异达显著（$P<0.05$），下同。

半膜覆盖根重比、果实重比、氮肥偏生产力最高，果实重比分别比无膜和全膜覆盖提高4.79%和3.32%；植株重比最低，分别比无膜和全膜覆盖降低 11.03％和 8.34％，有利于光合产物向果实分配。无膜覆盖的植株重比最大，有利于光合产物向植株分配，氮肥偏生产力比半膜覆盖显著降低 22.64％。全膜覆盖的根重比、植株重比与无膜无显著差异，果实重比和氮肥偏生产力比半膜覆盖显著降低 3.21％和 7.40％。1 管 2 行与 3 管 4 行的氮肥偏生产力、果实重比、全氮消耗等无显著差异，但 1 管 2 行的有机质消耗显著低于 3 管 4 行。70％田间持水量的氮肥偏生产力与 80％田间持水量无显著差异，果实重比显著高于 80％田间持水量，但全氮、有机质消耗显著增加 151.8％、9.7％。因此，半膜覆盖、80％田间持水量、1 管 2 行能显著提高肥料偏生产力，增大果实重比，使光合产物更多向果实分配。

5.2 滴灌供水方式对作物根系生长、土壤养分利用的影响

5.2.1 交替滴灌

1. 根系生长

由表 5-5 可知，交替滴灌处理根长、根面积、根系分叉数、根系活力显著高于地表滴灌，但根区土壤呼吸速率无显著差异。交替滴灌随灌水下限增加，根系活力呈升高趋势，根长、根面积呈减少趋势，根系分叉数则先减后增。灌水下限为 50％田间持水量的根长、根面积和根系分叉数分别为地表滴灌的 1.7 倍、1.45 倍和 2.26 倍，根系活力显著提高 29.44％；灌水下限为 60％田间持水量的根长、根面积和根系分叉数分别为地表滴灌的 1.41 倍、1.33 倍和 2.26 倍，根系活力显著提高 45.81％，根面积与灌水下限为 50％、70％田间持水量处理无显著差异，根长和根系分叉数显著降低；灌水下限为 70％田间持水量的根面积和根系分叉数与灌水下限为 50％田间持水量处理无显著差异，分别为地表滴灌的 1.29 倍和 2.86 倍，根长比灌水下限为 50％田间持水量低 25.97％，但为地表滴灌的 1.27 倍，根系活力显著提高 48.60％。

表 5-5　交替滴灌根系生长特征

处理	土壤呼吸通量 /mg/(m² · min)	生育期内平均根系活力 /mg/(g · h)	根长/ cm	根面积/ cm²	根系 分叉数
CK	3.36a	12.53c	1 473.69d	720.99b	3 969c
A50	4.56a	16.22b	2 524.88a	1 044.55a	10 307ab
A60	4.36a	18.27a	2 080.02b	959.31a	8 979b
A70	4.11a	18.62a	1 869.25c	929.81a	11 371a

注：表中不同小写字母表示不同处理间差异达显著（$P<0.05$），下同。

各处理成熟期根系活力无显著差异，但开花坐果期和盛果期根系活力显著不同（图 5-2），A50、A60、A70 处理开花坐果期根系活力分别为 CK 的 1.77 倍、2.13 倍、2.78 倍，盛果期根系活力分别为 CK 的 1.39 倍、1.94 倍、1.61 倍。

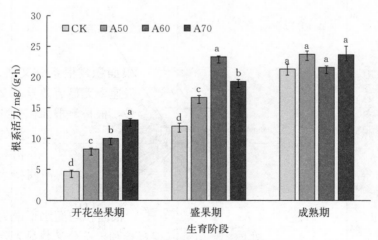

图 5-2　交替滴灌番茄不同生育阶段根系活力

注：图中不同小写字母表示同一生育阶段不同处理间差异达显著（$P<0.05$），下同。

2. 根系生长与土壤细菌相关性

深入分析交替滴灌细菌群落中相对丰度较高的前 30 属细菌与

根区土壤环境的关系，发现均与番茄根系活力、根长、土壤 CO_2 通量（CO_2）具有显著相关性（图 5 - 3）。*Nitrosomonadaceae* _ uncultured、*Bacillus*、*Chloroflexi* _ unclassified、*Rhodospirillaceae* _ uncultured、*Gemmatimonadaceae* _ uncultured、*Acidimicrobiales* _ norank、*Truepera*、*Haliangium* 等与根系活力、根长、土壤 CO_2 通量呈正相关，*Nitrosomonadaceae* _ uncultured 具有亚硝化作用，*Bacillus* 具有固氮作用，*Chloroflexi* _ unclassified 具反硝化作用，*Rhodospirillaceae* _ uncultured 能降解土壤铵态氮，*Gemmatimonadaceae* _ uncultured 与磷代谢相关，*Acidimicrobiales* _ norank 与铁、硫代谢相关，*Haliangium* 和 *Truepera* 为嗜盐菌。

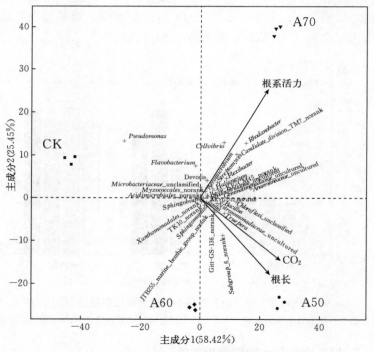

图 5 - 3　交替滴灌土壤细菌群落的沉余分析

Xanthomonadales _ norank、*Iamia* 等与根长、土壤 CO_2 通量呈正相关，与根系活力呈负相关。*Xanthomonadales* _ norank 对植物有致病作用，*Iamia* 具有反硝化作用。

Myxococcales _ norank、*Flexibacte*、*Streptomyces*、*Cellvibrio*、*Aeromicrobium*、*Pseudomonas*、*Rhodanobacter*、*Devosia* 等与根系活力呈正相关，与根长、土壤 CO_2 通量呈负相关。*Myxococcales* _ norank、*Flexibacte*、*Streptomyces*、*Cellvibrio*、*Aeromicrobium*、*Pseudomonas* 等主要功能为代谢有机质，*Rhodanobacter* 具有反硝化功能，*Devosia* 可固定土壤氮。

因此，交替滴灌通过影响根系生长，可以调控土壤细菌群落组成，整体上提高了土壤中氮磷代谢菌的相对丰度。

3. 土壤养分活化及利用

由表 5 - 6 可知，A50、A60、A70 处理的土壤速效氮分别是 CK 的 1.48 倍、2.19 倍、1.91 倍，土壤有效磷分别是 CK 的 1.49 倍、1.65 倍、2.91 倍，根系全氮含量分别是 CK 的 99.29%、1.07 倍、1.14 倍，根系全磷含量分别是 CK 的 1.06 倍、1.94 倍、1.59 倍，茎中全氮含量分别是 CK 的 87.15%、1.21 倍、1.12 倍，茎中全磷含量分别是 CK 的 1.03 倍、1.75 倍、2.84 倍，番茄单株产量分别比 CK 高 2.64%、12.77%、24.23%。

表 5 - 6　交替滴灌土壤养分及番茄生长指标

处理	土壤速效氮 /mg/kg	土壤有效磷 /mg/kg	根全氮 /%	根全磷 /%	茎全氮 /%	茎全磷 /%	单株产量 /kg
CK	46.91d	94.43c	1.688c	0.186c	1.580c	0.089d	2.27b
A50	69.27c	140.75bc	1.676c	0.198b	1.377d	0.092c	2.33b
A60	102.55a	155.71b	1.804b	0.361a	1.913a	0.156b	2.56b
A70	89.61a	274.54a	1.923a	0.295b	1.767b	0.253a	2.82a

5.2.2　地下滴灌

1. 根系生长

由表 5 - 7 可知，地下滴灌根区土壤呼吸速率、平均根系活力与地表滴灌无显著差异。滴灌毛管埋深 10 cm，根长和根面积与地表滴灌无显著差异，根系分叉数为地表滴灌的 1.85 倍；滴灌毛管埋深 20 cm，根长、根面积比地表滴灌显著高 43.21%、20.82%，根系分叉数为地表滴灌的 2.76 倍；滴灌毛管埋深 30 cm，根长比地表滴灌显著高 46.10%，根系分叉数为地表滴灌的 2.22 倍，根面积与地表滴灌无显著差异。

表 5-7　地下滴灌根系生长特征

处理	土壤呼吸通量 /mg/(m² · min)	生育期内平均根系活力 /mg/(g · h)	根长/ cm	根面积/ cm²	根系 分叉数
CK	3.36a	12.87a	1 473.69b	720.99bc	3 969c
S10	5.56a	8.75a	1 365.85b	653.09c	7 348b
S20	5.22a	14.75a	2 110.57a	871.12a	10 978a
S30	3.57a	13.72a	2 153.12a	826.42ab	8 825ab

S10 处理根系活力在开花坐果期比 CK 显著高 17.13%，盛果期和成熟期比 CK 显著低 32.03%和 44.86%；S20 处理根系活力在开花坐果期和盛果期比 CK 显著高 116.92%和 12.43%，成熟期与 CK 无显著差异；S30 处理根系活力在开花坐果期和盛果期比 CK 显著高 46.04%和 49.37%，成熟期比 CK 显著低 22.87%（图 5-4）。

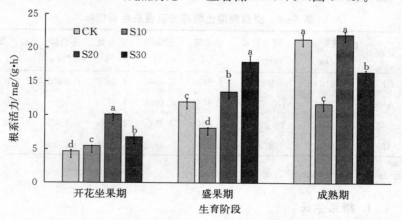

图 5-4　地下滴灌番茄不同生育阶段根系活力

2. 根系生长与土壤细菌相关性

进一步分析发现，地下滴灌根区土壤细菌群落中相对丰度较高的前 30 属细菌受土壤环境中的番茄根系活力、根系分叉数、土壤 CO_2 通量的影响最大，结果见图 5 - 5。

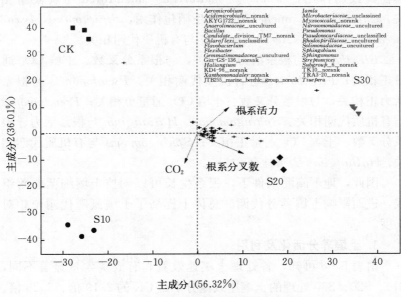

图 5 - 5　地下滴灌土壤细菌群落的沉余分析

由图 5 - 5 可知，土壤 CO_2 通量使 CK、S10、S20、S30 处理显著分离，对 4 个处理的影响程度差异较大；根系活力也使 CK、S10、S20、S30 处理显著分离，但对 CK、S20 处理的影响程度接近；根系分叉数对 S10、S20、S30 处理的影响程度接近，使 S10、S20、S30 处理与 CK 显著分离。

Acidimicrobiales _ norank、*Rhodospirillaceae* _ uncultured、*Bacillus*、*Nitrosomonadaceae* _ uncultured、*Xanthomonadales* _ norank、*Myxococcales* _ norank、*Streptomyc*、*Gemmatimonadaceae* _ uncultured、*Aeromicrobium*、*Chloroflexi* _ unclassified 等与根系活

力、根系分叉数正相关，与土壤 CO_2 通量负相关。*Acidimicrobiales* _ norank 与土壤铁、硫代谢相关，*Rhodospirillaceae* _ uncultured 具铵态氮降解作用，*Bacillus* 具固氮作用，*Nitrosomonadaceae* _ uncultured 具亚硝化作用，*Xanthomonadales* _ norank 对作物具致病作用，*Gemmatimonadaceae* _ uncultured 与磷代谢相关，*Chloroflexi* _ unclassified 具反硝化作用，*Streptomy*、*Myxococcales* _ norank、*Aeromicrobium* 与有机质代谢相关。

Flexibacter 与根系活力负相关，与根系分叉数、土壤 CO_2 通量正相关；*Flexibacter* 与有机质代谢相关。*Pseudomonas* 与根系活力正相关，与根系分叉数、土壤 CO_2 通量负相关；*Pseudomonas* 与有机质代谢相关。*Sphingomonas*、*Haliangium* 与根系活力、根系分叉数、土壤 CO_2 通量正相关；*Sphingomonas* 与有机质代谢相关，*Haliangium* 为嗜盐菌。

因此，地下滴灌条件下，根系生长可以调控土壤细菌群落组成，进而影响土壤养分代谢，总体上提高了土壤氮磷代谢菌相对丰度。

3. 土壤养分活化及利用

由表 5-8 可知，各处理土壤速效氮和有效磷含量显著不同，S10、S20、S30 处理的土壤速效氮分别是 CK 的 2.19 倍、2.28 倍、1.54 倍，土壤有效磷分别是 CK 的 1.32 倍、1.49 倍、1.38 倍。番茄根系和茎中氮磷含量也显著不同，S10、S20、S30 处理的根系全氮含量分别是 CK 的 1.12 倍、1.18 倍、1.19 倍，根系全磷含量

表 5-8　地下滴灌土壤养分及番茄生长指标的差异

处理	土壤速效氮 /mg/kg	土壤有效磷 /mg/kg	根全氮 /%	根全磷 /%	茎全氮 /%	茎全磷 /%	单株产量 /kg
CK	46.91c	94.43c	1.688d	0.186d	1.580c	0.089d	2.27b
S10	102.91a	124.58b	1.907c	0.253b	1.627b	0.099b	2.43b
S20	106.89a	140.27a	1.989b	0.274a	1.752a	0.148a	2.78a
S30	72.38b	130.42ab	2.011a	0.223c	1.632b	0.095c	2.71a

分别是 CK 的 1.36 倍、1.47 倍、1.20 倍，茎中全氮含量分别是
CK 的 1.03 倍、1.11 倍、1.03 倍，茎中全磷含量分别是 CK 的
1.11 倍、1.66 倍、1.07 倍。S20、S30 处理的番茄单株产量分别
比 CK 高 22.47%、19.38%，但 S20 与 S30 处理无显著差异；S10
处理单株产量大于 CK，但差异不显著。

5.3　覆膜滴灌对根系生长和土壤养分利用的影响机理

5.3.1　覆膜滴灌布设措施的影响

无膜时，表层土壤含水率低，为了吸取生长所需水分，作物根
系会在水平方向扩展、在垂直方向下扎，因此根长、根面积、根体
积都较大。全膜覆盖时，表层土壤含水率高，缺水胁迫度低，根区
局部水分相对充足，也利于根系生长，因此根长、根面积、根体积
也很大。半膜覆盖的根长、根面积、根体积最小，但一定程度上保
持较高的根系活力。根据土壤酶、微生物与根系的相关性和偏相关
性分析结果可知，土壤脲酶与细菌、真菌和根系活力极显著正相
关，根系活力与细菌和真菌显著相关。土壤磷酸酶与根长、根体
积、根面积极显著负相关，与根系活力、放线菌极显著正相关。放
线菌与根长、根体积、根面积极显著负相关，与根系活力极显著正
相关。无膜覆盖显著促进了根系生长，也利于土壤微生物生长，但
根系活力低，限制了根系与土壤微生物交互作用，不利于土壤酶分
泌。全膜覆盖能减少土壤水分蒸发（Li et al.，2004），地膜阻碍
使土壤 CO_2 等还原性气体不能及时排出（高翔等，2014），造成土
壤厌氧因素增加，对微生物生长不利，弱化作物根系与土壤相互作
用，也不利于土壤酶分泌。半膜覆盖既能在一定程度上降低土壤蒸
发损失，使有限的水分主要用于作物蒸腾（Dai et al.，2014；Xie
et al.，2005；Li et al.，2004），又使作物根部土壤与大气保持一
定联系，避免全膜覆盖导致的土壤厌氧因素增加（高翔等，2014），
可能更有利于土壤水、热平衡和稳定，显著增强了根系与土壤微生
物交互作用，较高的根系活力与土壤细菌、真菌相互促进，提高了

土壤脲酶、磷酸酶活性（胡晓棠等，2003）。

土壤酶活性的提高有利于土壤养分活化，根系活力提高则促进根系对土壤养分吸收。本章结果表明，半膜覆盖根重比、果实重比、氮肥偏生产力最高，植株重比最低，有利于光合产物向果实分配。无膜覆盖的植株重比最大，有利于光合产物向植株分配，氮肥偏生产力最低。全膜覆盖的根重比与半膜无显著差异，植株重比与无膜无显著差异，果实重比和氮肥偏生产力显著低于半膜覆盖。

灌水下限为60％田间持水量时，土壤处于一定的干旱胁迫下，根系的向水性促使根系水平扩展（闫映宇等，2009）、垂直下扎（North et al.，1991），因此促进了根系根长、根面积的提高，有利于根系吸收更深层土壤、更大范围内的水分和营养物质。根系生长提高可分泌更多的分泌物促进微生物生长、提高土壤酶活性。同时，相对干燥的土壤通气性良好，这将促进好氧、对水分需求不高的微生物大量繁殖，也能提高土壤酶活性。灌水下限由60％田间持水量升高到70％时，表层土壤热容积增加造成土壤温度降低，同时根系根长、根面积减小，根系活力较低，弱化了根系与土壤微生物交互作用（李娇等，2014），土壤酶活性降低。灌水下限升高到80％田间持水量时，土壤表层含水率大，对根系的干旱胁迫降低，作物只需保持较小的根面积、根体积即能满足对水分的需要（Burke et al.，1995）；湿润的环境将促进真菌等喜湿微生物的生长繁殖（宋勇春等，2001），同时根系活力增加，根系与土壤、土壤微生物交互作用增强（Berendsen et al.，2012；George et al.，2002），促进土壤酶活性提高（王慧等，2015）。

较低灌水量（60％田间持水量）虽然促进了根系生长，提高了土壤脲酶和磷酸酶活性，但根重比、植株重比增大，光合产物向果实分配减少，降低了氮肥偏生产力。高灌水量（80％田间持水量）使作物将物质和能量更多分配到植株体（Graham，1984），提高了氮肥偏生产力。适中灌水量（70％田间持水量）的氮肥偏生产力与高灌水量无显著差异，果实重比显著高于高灌水量，但全氮、全磷和有机质消耗显著高于高灌水量。因此，在甜瓜开花坐果期和果实膨大期，高灌水量能促进根系生长，进而提高土壤酶活性；而在需水量较少的苗期和成熟期，作物长势缓慢或减弱，较低灌水量能保证很高的土壤酶活性。

1管2行限制了根面积和根体积，但成熟期根长最长，分别比1管1行和3管4行高7.43％和24.92％，且保持了较高的根系活力。根系活力与土壤容重呈负相关，根系活力的提高有利于疏松土壤（李潮海等，2005；孙艳等，2005），增强根系有氧呼吸代谢，改善土壤水、气环境，促进根系分泌更多的分泌物，增强根系与土壤、微生物的交互作用（李娇等，2001），提高土壤酶活性，促进养分循环，提高土壤肥力。3管4行具有较高的根面积和根体积，也有利于活化土壤养分并促进作物吸收。试验结果表明，1管2行与3管4行的布设在氮肥偏生产力、果实重比、全氮消耗等无显著差异，但1管2行的有机质消耗显著低于3管4行。1管1行的根面积和根体积显著低于3管4行，根系活力劣于1管2行，氮肥偏生产力最低，果实重比低而植株重比高。

杨艳芬等发现，不同的滴灌毛管密度造成根区土壤水分均匀度、土壤热量分布的不同，较小滴灌毛管密度使根系周围土壤水、热分布较均匀，土壤通气状况更好，更有利于根系生长，增强根系与土壤之间的相互作用（Okuda et al.，2007），从而促进土壤微生物生长，提高土壤酶活性，最终促进作物生长。研究发现，3管布置下，水分分布更均匀，有利于根系吸水，土壤含水率始终处于最优状态（Reicosky et al.，2008），这与本章结果略有差异，原因可能是该研究在大田内进行，与日光温室环境条件下的水热动态变化有差异，但是总体规律与本研究一致。

5.3.2　覆膜滴灌供水方式的影响

1. 交替滴灌

根区"土壤—根系—微生物及酶"之间具有复杂的相互作用（Chaparro et al.，2012），土壤微生物和土壤酶是养分转化和能量流动的重要动力（Doran et al.，2000；Khumoetsile et al.，

2000）。作物根系可直接分泌土壤酶（Grierson et al.，2000），也可通过与土壤微生物交互作用影响土壤酶活性（Agnuson et al.，1992；Speir et al.，1978）。交替滴灌显著提高了根系活力、根长、根面积和根体积，相同灌水下限条件下，交替滴灌根长、根面积和根体积分别为地表滴灌的 1.27 倍、1.29 倍和 2.86 倍，根系活力显著提高 48.60%。根系生长的提高将促进根系与土壤、土壤微生物的交互作用，进而影响土壤养分活化及作物对养分的吸收利用（Wang et al.，2012b）。对土壤细菌群落相对丰度最高的前 30 属细菌与根区土壤环境关系进行分析，结果发现均与番茄根系活力、根长和根区土壤呼吸具有显著相关性，显著提高了 *Nitrosomonadaceae* _ uncultured、*Bacillus*、*Chloroflexi* _ unclassified、*Rhodospirillaceae* _ uncultured、*Gemmatimonadaceae* _ uncultured 等氮磷代谢相关细菌丰度，*Streptomyces*、*Cellvibrio*、*Aeromicrobium*、*Pseudomonas* 等有机碳代谢菌丰度，显著优化了土壤细菌群落组成，这将提高土壤氮磷等养分矿化速率（Wanget al.，2010）。本书试验测定 3 种灌水下限（分别为 50%、60%、70%田间持水量）交替滴灌的土壤速效氮分别是地表滴灌的 1.48 倍、2.19 倍、1.91 倍，土壤有效磷含量分别是地表滴灌的 1.49 倍、1.65 倍、2.91 倍，番茄根系全氮含量分别是地表滴灌的 99.29%、1.07 倍、1.14 倍，根系全磷含量分别是地表滴灌 1.06 倍、1.94 倍、1.59 倍，茎中氮含量分别是地表滴灌的 87.15%、1.21 倍、1.12 倍，茎中全磷含量分别是地表滴灌的 1.03 倍、1.75 倍、2.84 倍，番茄单株产量分别比地表滴灌高 2.64%、12.77%、24.23%。因此，交替滴灌显著促进了土壤氮磷活化，但缺水条件下交替滴灌并未促进番茄植株对氮磷的吸收，适宜提高灌水量则能显著促进番茄植株对氮磷的吸收。也有研究表明，交替滴灌更有利于土壤氮磷活化，能显著促进作物对土壤氮磷的吸收（Liu et al.，2015；Shahnazari et al.，2008），这与本研究结果一致，但并未对氮磷活化、吸收与根区微生物群落结构的联系进行深入研究。

交替滴灌灌水量不同，干湿交替频率不同，形成根区不同的土壤温度、酸碱度、孔隙度（Raine et al.，2007；Sasal et al.，2006），这将影响根系和土壤微生物生长。试验结果发现，随交替滴灌灌水下限增加，根系活力呈升高趋势，根长、根面积呈减少趋势，根系分叉数则先减后增。这将影响根系与土壤交互作用，最终影响土壤养分活化及作物吸收利用（Williams et al.，2007）。土壤与番茄交互作用中（表 5 - 9），根长、根面积与嗜盐菌显著正相关，但与植物抗病菌显著负相关；根系活力与植物致病菌相对丰度显著负相关，与有机碳代谢菌相对丰度显著正相关。试验测定的70％田间持水量灌水下限处理番茄根区 0～20 cm、0～30 cm 土壤孔隙度最大，番茄根长、根面积小，根系活力最大，因此能优化调控细菌群落结构，显著促进植物抗病菌等有益菌生长，减少亚硝酸盐等盐分在根区过度聚集，形成良好的根区环境，有利于土壤养分活化。另外，植物病害防治菌大多以分泌抗菌物质来抑制病原菌的生长（Doornbos et al.，2012），而灌水下限为 70％田间持水量时，土壤酸碱度高，土壤氮磷有效性高，这有利于该类细菌的生长。同时，番茄根系活力高可能会提供更多的根系分泌物，促进有益细菌的繁殖，提高该类细菌的丰度，有利于根区土壤健康。试验结果也表明，灌水下限为 70％田间持水量处理番茄根区土壤的盛果期脲酶活性和土壤速效氮含量与 60％田间持水量根区土壤无显著差异，但盛果期磷酸酶活性、土壤有效磷含量显著高于 60％田间持水量灌水下限处理。

　　交替滴灌不同灌水量形成的根区土壤环境因素异质性差异，必然会进一步影响番茄对土壤养分的吸收利用，其中 0～40 cm 的土壤孔隙度与番茄茎中氮的含量显著正相关。灌水下限为 50％田间持水量 0～40 cm 的土壤孔隙度显著低于灌水下限为 60％或 70％田间持水量根区土壤。本书试验测定灌水下限为 50％田间持水量根区土壤的茎中氮含量、根系全氮含量、根系全磷含量、茎中全磷含量等指标显著低于灌水下限为 60％或 70％田间持水量处理。灌水下限为 50％田间持水量时，番茄根面积和根系分叉数与灌水下限为 70％田间持水量时无显著差异但根长最长，土壤缺水胁迫和水分相对充足都能促进根系的生长。研究表明，在一定的缺水胁迫条件下，根系的向水性促使根长、根面积、根系分叉数等增加（North et al. ，1991），有利于根系吸收更深层土壤、更大范围内的水分和养分（Gregory，2006）。灌水下限为 50% 田间持水量促进了根系生长，根系分叉数、根系活力、植株生长都与土壤养分之间呈正相关（表 5-10），但根区土壤养分活化与作物对养分的吸收却显著低于高灌水量处理。这是因为相对缺水限制了土壤养分活化、迁移，最终限制了番茄对土壤养分的吸收利用。水分相对充足则有利于根系对土壤活化养分的吸收，根系活力和根系分叉数的增加可能会强化在根区土壤微域范围内形成的养分含量梯度动力，反过来又促进了土壤养分的迁移和吸收。土壤中氮磷代谢还具有相互促进作用，增加土壤有效磷能显著促进根系氮含量，提高土壤有效氮含量可显著提高根系磷含量（表 5-10）。灌水下限为 70% 田间持水量的根系分叉数、根系活力、土壤有效磷、根系全氮和茎中全磷显著大于灌水下限为 60% 田间持水量处理，根系全磷和茎中全氮与其无显著差异，因而 70% 田间持水量作为交替滴灌控制灌溉下限更能促进植株对养分的吸收。

提高产量是农业生产的主要目标，本章结果发现产量与根系全氮含量显著正相关，植株干重与根系全磷含量显著正相关，根系活力与茎中全磷含量显著正相关（表 5-11）。当灌水下限为 70% 田间持水量时，根系活力、根系全氮和茎中全磷含量等较高，产量也最高，因此建议交替滴灌灌水下限宜采用 70% 田间持水量。

2. 地下滴灌

研究表明，地下滴灌能形成良好的土壤环境（Camp，1998；Li et al. ，2010；Shen et al. ，2011），显著改变根区土壤细菌群结构。本章试验结果发现，地下滴灌一定程度上促进了作物根系生长，滴灌毛管埋深 10 cm 的根系分叉数为地表滴灌的 1.85 倍；毛管埋深 20 cm 的根长、根面积比地表滴灌显著高 43.21%、20.82%，根系分叉数为地表滴灌的 2.76 倍；毛管埋深 30 cm 的根长比地表滴灌显著高 46.10%，根系分叉数为地表滴灌的 2.22 倍。

表5-9 交替滴灌土壤细菌与番茄生长的相关性

指标	细菌DNA丰度指数	氮代谢菌	磷代谢菌	有机碳代谢菌	纤维素降解菌	甲烷代谢菌	根瘤菌	植物致病菌	植物抗病菌	嗜盐菌	铁、硫代谢菌
根长	0.53	-0.65	0.16	-0.91	0.71	0.019	-0.71	0.92	-0.99*	0.99*	0.88
根面积	0.58	-0.71	0.09	-0.87	0.66	-0.05	-0.65	0.89	-0.99*	1.00**	0.84
根系分叉数	0.68	-0.56	-0.99	0.63	-0.85	-0.97	0.86	-0.60	0.22	-0.18	-0.68
生育期内平均根系活力	-0.17	0.32	-0.52	0.99*	-0.92	-0.39	0.92	-1.00**	0.91	-0.89	-0.99
根全氮	-0.36	0.51	-0.34	0.97	-0.83	-0.20	0.82	-0.97	0.97	-0.96	-0.95
根全磷	-0.96	0.99	0.53	0.39	-0.06	0.65	0.05	-0.43	0.76	-0.79	-0.33
茎全氮	-0.91	0.96	0.41	0.52	-0.21	0.53	0.201	-0.56	0.85	-0.87	-0.47
茎全磷	-0.23	0.38	-0.47	0.99	-0.90	-0.33	0.89	-0.98*	0.93	-0.92	-0.98
植株干重	-0.96	0.99	0.55	0.38	-0.05	0.66	0.037	-0.41	0.75	-0.77	-0.32
单株产量	-0.31	0.46	-0.39	0.98	-0.86	-0.25	0.85	-0.98	0.96	-0.95	-0.96

表5-10 交替滴灌土壤与番茄生长的相关性

指标	根长	根面积	根系分叉数	生育期内平均根系活力	根全氮	根全磷	茎全氮	茎全磷	植株干重	单株产量
盛果期脲酶	-0.63	-0.68	-0.58	0.29	0.48	0.68	0.95	0.35	0.69	0.43
盛果期磷酸酶	-0.86	-0.82	0.70	0.99	0.94	0.31	0.44	0.48	0.29	0.96
土壤速效氮	-0.75	-0.79	-0.44	0.45	0.62	0.95*	0.99	0.51	0.98*	0.57
土壤有效磷	-0.99	-0.98	0.37	0.96	0.99*	0.65	0.75	0.81	0.63	0.69
生育期内平均二氧化碳通量	0.96	0.94	-0.5	-0.99	-0.99	-0.53	-0.65	-0.96*	-0.52	-1.00*
土壤平均温度	-1.0**	-0.97*	0.26	0.93	0.98	0.73	0.829	0.59	0.72	0.97
土壤平均pH	0.38	0.45	0.79	-0.01	-0.21	-0.90	-0.83	-0.07	-0.91	-0.15
0~10 cm土壤孔隙度	-0.59	-0.65	-0.62	0.247	0.43	0.98	0.94	0.31	0.98	0.38
0~20 cm土壤孔隙度	-0.97*	-1.0**	0.18	0.89	0.96	0.79	0.872	0.89	0.78	0.95
0~30 cm土壤孔隙度	-0.99	-0.95*	0.14	0.87	0.95	0.81	0.89	0.91	0.81	0.93
0~40 cm土壤孔隙度	-0.84	-0.88	-0.29	0.59	0.74	0.984	1.00*	0.63	0.98	0.70

表 5 - 11　交替滴灌番茄生长指标之间的相关性

指标	生育期内平均根系活力	根全氮	根全磷	茎全磷	植株干重	单株产量
生育期内平均根系活力	1	0.97	0.43	0.99*	0.42	0.98
根全氮	0.97	1	0.60	0.99	0.59	0.99*
根全磷	0.43	0.60	1	0.49	1*	0.56
茎全磷	0.99*	0.99	0.49	1	0.47	0.99
植株干重	0.42	0.59	1*	0.47	1	0.54
单株产量	0.98	0.99*	0.56	0.99	0.54	1

根区"土壤—根系—微生物及酶"相互联系紧密（Chaparro et al.，2012），根区土壤细菌结构的改变既受土壤环境的制约，也受根系生长的影响。本章试验结果表明，根系活力、根系分叉数和根区土壤呼吸显著影响了土壤细菌群落结构。对土壤细菌群落相对丰度最高的前 30 属细菌与根区环境因子的相关分析表明，根系活力和根系分叉数显著促进了 *Rhodospirillaceae* _ uncultured、*Bacillus*、*Nitrosomonadaceae* _ uncultured、*Gemmatimonadaceae* _ uncultured、*Chloroflexi* _ unclassified 等氮磷代谢细菌，*Streptomy*、*Myxococcales* _ norank、*Aeromicrobium* 等有机碳代谢相关菌，根系活力抑制 *Flexibacter* 生长，根系分叉数抑制 *Pseudomonas* 生长。因此，根系通过与土壤微生物之间复杂的交互作用，影响了土壤细菌群落组成，这将影响土壤养分代谢。试验测定的土壤养分活化和利用指标也表明，地下滴灌毛管埋深 10 cm、20 cm、30 cm 的土壤速效氮分别是地表滴灌的 2.19 倍、2.28 倍、1.54 倍，土壤有效磷分别是地表滴灌的 1.32 倍、1.49 倍、1.38 倍。土壤养分活性提高，根系生长提升，都有利于养分的吸收，地下滴灌毛管埋深 10 cm、20 cm、30 cm 的番茄根系全氮含量分别是地表滴灌的 1.12 倍、1.18 倍、1.19 倍，根系全磷含量分别是地表滴灌的 1.36 倍、1.47 倍、1.20 倍，茎中全氮含量分别是地表滴灌的 1.03 倍、1.11

倍、1.03 倍，茎中全磷含量分别是地表滴灌的 1.11 倍、1.66 倍、1.07 倍。

地下滴灌毛管埋深不同，造成土壤湿润区域、pH、温度、水分和养分分布等环境因子异质性差异（Douh et al.，2013；王建东等，2009b），番茄根系生长差异（Santos et al.，2016），将进一步强化"土壤—根系—微生物"相互作用，影响土壤养分活化和利用。本章结果发现，地下滴灌下，0～30 cm 和 40 cm 的土壤孔隙度与氮代谢菌显著正相关（表 5 - 12）；0～10 cm 的土壤孔隙度与番茄根中全氮含量显著相关，0～40 cm 的土壤孔隙度与番茄根全磷含量显著相关，0～30 cm 的土壤孔隙度与番茄植株茎中全氮含量显著相关（表 5 - 13）。滴灌管埋深 20 cm 根区 0～10 cm 的土壤孔隙度显著大于地表滴灌，0～30 cm 和 40 cm 的土壤孔隙度显著大于其他 3 个处理，良好的土壤结构促进了氮代谢功能菌的生长，有利于植株对养分的吸收。通过分析还发现，有机碳代谢菌与土壤 pH、土壤有效磷显著负相关。一般情况下，有机碳的代谢需略偏酸性的土壤 pH，而这也有利于土壤磷的利用（Oburger et al.，2011），这与本书的结果相矛盾。原因可能是本书试验所在地的土壤 pH 偏碱性，抑制了有机碳代谢菌的生长，但氮代谢菌与土壤有效磷显著相关、磷代谢菌与土壤有效氮也显著相关，土壤有效氮与番茄根系全磷显著相关，土壤有效磷与根系全氮显著相关，氮磷代谢及吸收可以相互促进（Marklein et al.，2012），因此滴灌毛管埋深 20 cm 处理在抑制有机碳代谢菌的情况下提高了土壤磷代谢及吸收。滴灌毛管埋深 10 cm 和 30 cm 的土壤 pH 与埋深 20 cm 无显著差异，但根区 0～30 cm 和 40 cm 的土壤孔隙度却显著小于埋深 20 cm，因而抑制了氮代谢菌生长繁殖，相对减弱了氮磷代谢。

本章结果表明，滴灌毛管埋深 20 cm 根区土壤盛果期脲酶比地表滴灌高 49.84%，土壤速效氮、有效磷是地表滴灌的 2.28 倍、1.49 倍，番茄植株根系全氮、全磷含量分别是地表滴灌的 1.18 倍、1.47 倍，番茄植株茎中全氮、全磷含量分别是地表滴灌的 1.11 倍、1.66 倍，显著促进了土壤氮磷活化和番茄对土壤氮磷的吸收。

滴灌毛管埋深 10 cm 根区土壤盛果期脲酶、土壤速效氮与埋深 20 cm 无显著差异，但番茄根系和茎中氮磷含量却显著低于埋深 20 cm。这是因为，土壤活化养分的吸收取决于作物根系与土壤环境的交互作用。试验发现，根系分叉数与根区土壤孔隙度显著正相关，根系分叉数越多可使根系在土壤中的有效吸收养分的空间越大，有利于疏松土壤、活化养分；而可吸收利用的养分越多、土壤孔隙度的增加也越有利于根系生长。根系分叉数还能显著促进铵化细菌、亚硝化细菌等氮代谢菌的生长（表 5 - 14），特别是能提高土壤有效磷含量，土壤有效磷含量低往往是作物生长的限制性因素。滴灌毛管埋深 10 cm 番茄根系分叉数显著低于滴灌毛管埋深 20 cm，虽然也能促进土壤氮磷养分活化，但却未能提高植株对氮磷的吸收。滴灌毛管埋深 30 cm 盛果期土壤脲酶和磷酸酶活性显著低于滴灌毛管埋深 20 cm，但番茄根系分叉数与滴灌毛管埋深 20 cm 无显著差异，也促进了番茄根系对土壤氮的吸收。

研究表明，地下滴灌可以提高土壤氮利用效率、促进作物生长、提高产量，但这些研究更关注水、氮耦合及利用效率，在试验过程中有不同程度的氮肥输入（Rhein et al.，2016；Lamm et al.，2013c），这与本书试验关注点不同；也有研究表明，地下滴灌系统易造成土壤氮输入过量（Lamm，2014d），本书试验更关注在作物生长过程中不输入氮肥的情况下，地下滴灌对于根区土壤氮磷等养分的活化及利用，探求通过地下滴灌调控根区"土壤—根系—微生物"相互作用而提高养分利用效率。研究表明，滴灌毛管埋深 20 cm 时，土壤氮利用效率最高（Lim et al.，2013），这与本书的部分结论一致，但该研究并未就作物根区土壤—根系—微生物的相互作用进行研究。

根区土壤微生物代谢菌群、土壤养分活化、根系生长、作物吸收养分的差异，将影响作物产量。本章结果发现，土壤养分与根长和根面积具有较高的正相关性，番茄单株产量与根面积、根系分叉数、根体积极显著相关（表 5 - 15）。滴灌毛管埋深 10 cm，根系各项指标与地表滴灌无显著差异，未能提高植株对氮磷吸收，单株产

表5-12 地下滴灌土壤与细菌生长的相关性

指标	细菌DNA丰度指数	氮代谢菌	磷代谢菌	有机碳代谢菌	有机化合物代谢菌	纤维素降解菌	甲烷代谢菌	根瘤菌	植物致病菌	植物抗病菌	嗜盐菌	光合菌	铁、硫代谢菌
盛果期脲酶	0.52	0.85	0.83	-0.66	-0.41	0.09	-0.59	-0.68	0.45	0.96*	0.47	0.64	0.32
盛果期磷酸酶	0.09	-0.14	-0.53	0.34	0.49	-0.91	0.24	-0.67	-0.52	0.23	-0.81	-0.78	-0.69
土壤速效氮	0.46	0.84	0.97*	-0.75	-0.54	0.43	-0.61	-0.35	0.59	0.77	0.74	0.89	0.55
土壤有效磷	0.82	0.95*	0.92	-0.99**	-0.03	0.17	-0.07	-0.12	0.10	0.56	0.43	0.79	0.11
生育期内平均二氧化碳通量	0.15	0.63	0.84	-0.48	-0.77	0.52	-0.85	-0.42	0.81	0.77	0.81	0.81	0.73
土壤平均温度	0.21	-0.31	-0.61	0.13	0.93	-0.62	0.98*	0.37	-0.95*	-0.62	-0.83	-0.65	-0.87
土壤平均pH	0.86	0.91	0.84	-0.99**	0.12	0.11	0.10	-0.01	-0.05	0.43	0.32	0.72	-0.01
0~10 cm土壤孔隙度	0.83	0.75	0.66	-0.92	0.32	0.07	0.36	0.24	-0.25	0.13	0.17	0.59	-0.15
0~20 cm土壤孔隙度	0.54	0.83	0.76	-0.62	-0.34	-0.02	-0.55	-0.77	0.38	0.98*	0.36	0.54	0.23
0~30 cm土壤孔隙度	0.93	0.98*	0.78	-0.94	0.16	-0.17	0.02	-0.40	-0.10	0.70	0.14	0.55	-0.15
0~40 cm土壤孔隙度	0.78	0.98*	0.94	-0.94	-0.14	0.15	-0.24	-.32	0.21	0.72	0.46	0.79	0.18

表 5-13 地下滴灌土壤与番茄生长的相关性

指标	根长	根面积	根系分叉数	生育期内平均根系活力	根全氮	根全磷	茎全氮	茎全磷	植株干重	单株产量
盛果期脲酶	0.23	0.30	0.75	-0.05	0.52	0.94	0.88	0.89	-0.35	0.54
盛果期磷酸酶	0.11	0.37	-0.21	0.64	-0.52	-0.32	0.14	0.30	-0.54	-0.13
土壤速效氮	0.19	0.15	0.78	-0.28	0.70	0.98*	0.75	0.69	-0.08	0.57
土壤有效磷	0.67	0.57	0.98*	0.15	0.96*	0.88	0.82	0.69	0.37	0.91
生育期内平均二氧化碳通量	-0.14	-0.14	0.52	-0.51	0.42	0.88	0.58	0.57	-0.35	0.25
土壤平均温度	0.49	0.47	-0.17	0.73	-0.09	-0.65	-0.28	-0.32	0.54	0.11
土壤平均 pH	0.77	0.65	0.97*	0.26	0.98*	0.78	0.77	0.62	0.52	0.95*
0~10 cm 土壤孔隙度	0.83	0.67	0.85	0.34	0.96*	0.56	0.57	0.39	0.75	0.92
0~20 cm 土壤孔隙度	0.25	0.35	0.72	0.03	0.46	0.90	0.91	0.93	-0.41	0.53
0~30 cm 土壤孔隙度	0.78	0.77	0.98*	0.43	0.84	0.837	0.95*	0.87	0.20	0.94
0~40 cm 土壤孔隙度	0.58	0.53	0.96*	0.11	0.88	0.96*	0.90	0.81	0.16	0.85

表 5-14 地下滴灌土壤细菌与番茄生长的相关性

指标	细菌DNA丰度指数	氮代谢菌	磷代谢菌	有机碳代谢菌	有机化合物代谢菌	纤维素降解菌	甲烷代谢菌	根瘤菌	植物致病菌	植物抗病菌	嗜盐菌	光合菌	铁、硫代谢菌
根长	0.94	0.67	0.33	-0.765	0.714	-0.48	0.63	-0.05	-0.66	0.18	-0.34	0.12	-0.63
根面积	0.93	0.65	0.24	-0.66	0.73	-0.67	0.58	-0.30	-0.69	0.33	-0.48	-0.03	-0.73
根系分叉数	0.90	0.98*	0.85	-0.98*	0.09	-0.02	0.04	-0.25	-0.03	0.62	0.26	0.67	-0.04
生育期内平均根系活力	0.69	0.27	-0.21	-0.27	0.92	-0.90	0.76	-0.26	-0.91	0.07	-0.82	-0.47	-0.95*
根全氮	0.79	0.85	0.83	-0.97*	0.08	0.22	0.11	0.12	-0.01	0.32	0.39	0.77	0.06
根全磷	0.59	0.91	0.96*	-0.82	-0.4	0.28	-0.50	-0.42	0.45	0.82	0.61	0.83	0.39
茎全氮	0.84	0.95*	0.74	-0.82	0.05	-0.25	-0.15	-0.65	0.03	0.87	0.12	0.46	-0.11
茎全磷	0.75	0.87	0.64	-0.68	0.02	-0.34	-0.22	-0.79	0.02	0.92	0.05	0.34	-0.13
植株干重	0.38	0.14	0.14	-0.44	0.46	0.16	0.66	0.78	-0.43	-0.54	-0.05	0.25	-0.23
单株产量	0.97*	0.91	0.68	-0.95*	0.36	-0.18	0.29	-0.13	-0.30	0.43	0.04	0.49	-0.28

量与地表滴灌无显著差异；滴灌毛管埋深 20 cm 能显著促进根区氮磷代谢，提高植株对氮磷的吸收，番茄单株产量比地表滴灌显著高22.47％；滴灌毛管埋深 30 cm，番茄根区氮磷代谢相对减弱，根系各项指标与滴灌毛管埋深 20 cm 无显著差异，促进了番茄根系对氮的吸收，番茄单株产量也比地表滴灌显著高 19.38％，与滴灌毛管埋深 20 cm 差异不显著。

表 5 - 15　地下滴灌番茄产量与根系相关性分析

指标	根长	根面积	根系分叉数	根体积
产量	0.58	0.95**	0.93**	0.81**

5.4　本章小结

5.4.1　覆膜滴灌布设措施的影响

不同的覆膜方式、滴灌毛管密度、灌水下限显著影响了作物根系生长，不同根系生长与土壤微生物、土壤酶交互作用显著不同，显著影响了土壤养分的活化和吸收利用。半膜覆盖形成的土壤水、热环境，一定程度上控制了根系生长，提高了根系活力，显著增强了根系与土壤微生物交互作用，有利于土壤养分的活化吸收，根重比、果实重比、氮肥偏生产力最高，植株重比最低，光合产物有利于向果实分配。无膜覆盖的植株重比最大，有利于光合产物向植株分配，氮肥偏生产力最低。全膜覆盖的根重比与半膜无显著差异，植株重比与无膜无显著差异，果实重比和氮肥偏生产力显著低于半膜覆盖。

较低灌水量（60％田间持水量）显著促进根系生长，提高了土壤脲酶和磷酸酶活性，但光合产物向果实分配减少，根重比、植株重比增大，降低了氮肥偏生产力。高灌水量（80％田间持水量）提高了氮肥偏生产力，使光合产物更多分配到植株体。适中灌水量（70％田间持水量）的氮肥偏生产力与高灌水量无显著差异，果实重比显著高于高灌水量，但全氮、全磷和有机质消耗显著高于高灌水量。

3 管 4 行毛管布设促进根系根面积和根体积增加，1 管 2 行处理具有较高的根系活力，有利于活化和吸收土壤养分。1 管 2 行与 3 管 4 行处理的氮肥偏生产力、果实重比、全氮消耗等无显著差异，但 1 管 2 行的有机质消耗显著低于 3 管 4 行。1 管 1 行的根面积和根体积显著低于 3 管 4 行，根系活力劣于 1 管 2 行，氮肥偏生产力最低，果实重比低而植株重比高。

5.4.2　覆膜滴灌供水方式的影响

与地表滴灌相比，交替滴灌显著促进了根系生长，提高了土壤氮磷的有效性，促进根系和植株对氮磷的吸收。灌水下限为 70% 田间持水量的交替滴灌，更易形成有利于土壤养分活化、有益细菌生长、根系吸收利用养分的土壤根区环境，是设施作物种植中交替滴灌适宜的灌水下限。

与地表滴灌相比，地下滴灌一定程度上增强了根系与土壤、土壤微生物交互作用，明显提高土壤氮、磷代谢。滴灌毛管埋深 20 cm 时，番茄根系生长最好，根系全氮、全磷含量分别是地表滴灌的 1.18 倍、1.47 倍，植株茎中全氮、全磷含量分别是地表滴灌的 1.11 倍、1.66 倍，番茄单株产量比地表滴灌高 22.47%。毛管埋深 30 cm 也显著促进了根系对土壤氮的吸收，番茄单株产量与滴灌毛管埋深 20 cm 无显著差异。

第 6 章 覆膜滴灌对设施作物生长和产量的影响

设施作物生产实践中，不同的覆膜方式、滴灌毛管密度、灌水下限、滴灌供水方式（地上滴灌、地下滴灌、交替滴灌）等因素，会导致土壤导气率、土壤温度、土壤含水率均匀性不同（蔡焕杰等，2002；杨艳芬等，2009）及土壤水、热、气运移的差异（王卫华等，2015），进而对土壤微生物及酶、养分循环与作物根系造成影响，最终导致作物生长和产量差异（高翔等，2014），也会影响作物的光合作用导致产量不同（蔡焕杰等，2002；高玉红等，2012；杨艳芬等，2009）。

作物生长是一个复杂的过程，植株各部分物质流动、能量交换联系紧密，深入理解其内在过程和机理，对进一步细化水肥管理措施、提高水肥利用效率具有重要意义。本章在前几章关于覆膜滴灌对设施作物根区土壤环境、土壤微生物及酶、根系生长及养分利用影响研究的基础上，进一步分析作物"地下根系—地上植株—产量和品质"彼此间的相互联系及作用，研究作物生长、产量及品质对覆膜滴灌下作物根区"土壤—根系—微生物及酶"交互效应的响应，为更深入理解覆膜滴灌土壤内在机理，合理配置设施作物种植滴灌措施，完善灌溉制度等提供参考。

6.1 覆膜滴灌布设措施对作物生长和产量的影响

以设施甜瓜为研究对象，研究了覆膜滴灌布设措施（覆膜方式、滴灌毛管密度和灌水下限）对作物生长、产量及品质的影响（试验设计见第 2 章）。

6.1.1 株高生长速率和茎粗

图 6-1 为不同覆膜方式、滴灌毛管密度和灌水下限的甜瓜平

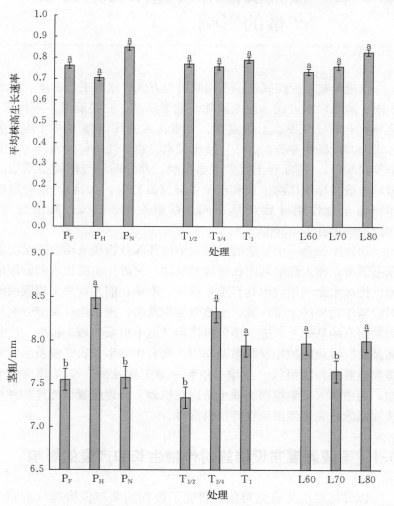

图 6-1 试验因素对甜瓜平均株高生长速率和茎粗的影响

注：不同小写字母表示同一试验因素不同处理间差异显著（$P<0.05$），下同。

均株高生长速率和茎粗。株高生长速率是指连续两次测量的净生长量与测量初值的比值，是植物动态生长的一项重要指标。本书试验采用株高测定时间内的株高生长速率平均值，即平均株高生长速率。

由图6-1可知，覆膜方式、滴灌毛管密度和灌水下限对甜瓜的平均株高生长速率无显著影响，但对甜瓜茎粗有显著影响。茎粗随地膜覆盖度和毛管密度的增加呈先增后减趋势，随灌水下限的升高呈先减后增趋势；半膜覆盖最大，分别比无膜和全膜覆盖高12.45%和12.01%；3管4行最大，分别比1管2行和1管1行高13.49%和4.91%；灌水下限为70%田间持水量时最小，分别比60%田间持水量、80%田间持水量低4.02%、4.38%。

6.1.2 叶绿素、净光合速率和叶面积指数

表6-1为3种试验因素对甜瓜叶片叶绿素、净光合速率和叶面积指数的影响。植物叶片的叶绿素、净光合速率及叶面积指数对植物光合作用和生物量累积有显著影响。由表6-1可知，覆膜方式、

表6-1 试验因素对甜瓜叶片叶绿素、净光合速率和叶面积指数的影响

处理	总叶绿素（a+b）/ mg/g	叶绿素 a/b	净光合速率/ $\mu mol/(m^2 \cdot s)$	叶面积指数
P_N	2.47a	1.890a	20.43a	2.18b
P_H	2.87a	1.933a	20.48a	3.09a
P_F	2.62a	1.962a	19.53a	2.42b
$T_{1/2}$	2.48a	1.924a	20.93a	2.56a
$T_{3/4}$	2.61a	1.934a	19.95a	2.61a
T_1	2.87a	1.928a	19.56	2.51a
L60	2.72a	1.885a	19.05a	2.50a
L70	2.49a	1.790a	20.12a	2.56a
L80	2.75a	2.110a	21.27a	2.62a

注：不同小写字母表示同一个试验因素的不同因素水平处理的同一种甜瓜品质的差异达显著（$P<0.05$）。

滴灌毛管密度及灌水下限对甜瓜的总叶绿素、叶绿素 a/b、净光合速率无显著影响，但叶面积指数受覆膜方式影响显著。

6.1.3　生物量

表 6-2 为 3 种试验因素对甜瓜生物量的影响。

表 6-2　试验因素对甜瓜生物量的影响

处理	地上植株鲜重/g	地上植株干重/g	根鲜重/g	根冠比
P_N	425.67b	80.20b	20.33c	0.049b
P_H	478.67a	86.27a	24.96a	0.056a
P_F	480.00a	83.17ab	22.52b	0.048c
$T_{1/2}$	416.33b	69.25c	21.12b	0.051b
$T_{3/4}$	398.00b	81.93b	23.38a	0.061b
T_1	570.00a	98.46a	23.31a	0.041c
L60	427.67b	79.90b	21.70b	0.054a
L70	452.33b	83.18ab	22.65ab	0.052b
L80	504.33a	86.56b	23.46a	0.047c

由表 6-2 可知，地上植株鲜重随地膜覆盖度的增加呈增加趋势，半膜、全膜覆盖比无膜分别高 12.45% 和 12.76%；随毛管密度的增加呈先减后增趋势，3 管 4 行最小，分别比 1 管 2 行和 1 管 1 行低 4.40% 和 30.18%；随灌水下限的升高呈增加趋势，70% 田间持水量和 80% 田间持水量时分别比 60% 田间持水量高 5.77% 和 17.93%。

地上植株干重随地膜覆盖度的增加呈先增后减趋势，半膜覆盖分别比无膜和全膜覆盖高 7.57% 和 3.73%；随毛管密度的增加呈增加趋势，1 管 1 行和 3 管 4 行分别比 1 管 2 行高 42.18% 和 18.31%；随灌水下限的升高呈增加趋势，70% 田间持水量和 80% 田间持水量分别比 60% 田间持水量高 4.11% 和 8.34%。

根鲜重随地膜覆盖度的增加呈先增后减趋势，半膜覆盖最大，分别比无膜和全膜覆盖高 22.77％和 10.83％；随毛管密度的增加呈先增后减趋势，3 管 4 行最大，分别比 1 管 2 行和 1 管 1 行高 10.70％和 0.30％；随灌水下限的升高呈增加趋势，70％田间持水量和 80％田间持水量分别比 60％田间持水量高 4.38％和 8.11％。

根冠比随地膜覆盖度的增加呈先增后减趋势，半膜覆盖分别比无膜和全膜高 14.28％和 16.67％；随毛管密度的增加呈先增后减趋势，3 管 4 行分别比 1 管 2 行和 1 管 1 行高 19.61％和 48.78％；随灌水下限的升高呈减小趋势，70％田间持水量和 80％田间持水量分别比 60％田间持水量低 3.70％和 12.96％。

6.1.4　产量和水分利用效率

表 6-3 为 3 种试验因素对甜瓜产量、灌水量和水分利用效率的影响。

表 6-3　试验因素对甜瓜产量、灌水量和水分利用效率的影响

处理	产量 /t/hm²	灌水量/mm	水分利用效率/kg/m³
P_N	24.36c	121.51a	20.05b
P_H	31.49a	100.41b	31.36a
P_F	29.16b	92.51b	31.52a
极差值	7.13	29.00	11.47
$T_{1/2}$	28.47ab	104.7a	27.20ab
$T_{3/4}$	29.43a	107.36a	27.42a
T_1	27.11b	102.38a	26.48b
极差值	2.32	2.32	0.94
L60	24.84b	58.03c	42.80a
L70	30.45a	100.66b	30.25b
L80	29.73a	155.74a	19.09c
极差值	5.61	97.71	23.71

注：水分利用效率为产量和灌水量的比值。

由表 6-3 可知，极差分析表明甜瓜产量受覆膜方式影响最大，灌水下限次之，滴灌毛管密度最小。除灌水下限外，灌水量还受覆膜方式的显著影响。水分利用效率（IWUE）受灌水下限影响最大，覆膜方式次之，滴灌毛管密度最小。

甜瓜产量随地膜覆盖度、滴灌毛管密度、灌水下限的升高呈先增后减趋势，半膜覆盖分别比无膜和全膜覆盖高 29.26% 和 7.99%，3 管 4 行分别比 1 管 2 行和 1 管 1 行高 3.37% 和 8.56%，70% 田间持水量分别比 60% 田间持水量和 80% 田间持水量高 22.58% 和 2.42%。

水分利用效率随覆膜度的增加呈增加趋势，全膜和半膜覆盖分别比无膜高 57.21% 和 56.41%；随滴灌毛管密度的增加呈先升后降趋势，3 管 4 行分别比 1 管 1 行和 1 管 2 行高 3.54% 和 0.80%；随灌水量的增加呈降低趋势，60% 田间持水量时最高，70% 田间持水量和 80% 田间持水量分别比 60% 田间持水量低 29.30% 和 55.40%，但 70% 田间持水量比 80% 田间持水量高 58.46%。

6.1.5 产量与作物生长相关性分析

对甜瓜产量与作物生长各指标之间的简单相关性进行了分析（表 6-4），发现产量与平均株高生长速率、茎粗、总叶绿素、叶绿素 a/b、光合速率、地上植株鲜重、地上植株干重、根冠比都有一定的正相关性，与根鲜重和叶面积指数呈显著正相关性。茎粗与总叶绿素显著正相关，与根鲜重极显著正相关。总叶绿素与地上植株鲜重、地上植株干重、根鲜重都显著正相关。地上植株鲜重与地上植株干重极显著正相关。叶面积指数与茎粗显著正相关，与根鲜重极显著正相关。

表 6-4 作物生长各指标之间的简单相关性

指标	产量	平均株高生长速率	茎粗	总叶绿素	叶绿素 a/b	净光合速率	地上植株鲜重	地上植株干重	根鲜重	根冠比
产量	1	0.058	0.366	0.196	0.168	0.384	0.156	0.108	0.757*	0.465
平均株高生长速率	0.058	1	−0.433	−0.11	0.536	0.1	0.377	0.164	−0.107	−0.459

（续）

指标	产量	平均株高生长速率	茎粗	总叶绿素	叶绿素a/b	净光合速率	地上植株鲜重	地上植株干重	根鲜重	根冠比
茎粗	0.366	−0.433	1	0.719*	0.235	−0.098	0.144	0.469	0.809**	0.554
总叶绿素	0.196	−0.11	0.719*	1	0.43	−0.193	0.696*	0.731*	0.747*	−0.057
叶绿素a/b	0.168	0.536	0.235	0.43	1	0.446	0.357	0.194	0.307	0.006
光合速率	0.384	0.1	−0.098	−0.193	0.446	1	−0.056	−0.277	0.052	0.212
地上植株鲜重	0.156	0.377	0.144	0.696*	0.357	−0.056	1	0.850**	0.472	−0.603
地上植株干重	0.108	0.164	0.469	0.731*	0.194	−0.277	0.850**	1	0.589	−0.366
根鲜重	0.757*	−0.107	0.809**	0.747*	0.307	0.052	0.472	0.589	1	0.362
根冠比	0.465	−0.459	0.554	−0.057	0.006	0.212	−0.603	−0.366	0.362	1

注：* 代表差异达显著（$P<0.05$），* * 代表差异达极显著（$P<0.01$）。

为了进一步分析各生长指标对产量的影响，在简单相关性分析的基础上，进行了逐步回归分析，结果见表6-5。

表6-5 逐步回归分析

影响因素	产量回归方程
植株生长（GR、SD）	无
植株光合作用（TC、$C_{a/b}$、PC、LAI）	$Y=2.533+2.164^*LAI$
植株生物量（PFW、PDW、RFW、RTR）	$Y=0.378^*RFW-0.459$
植株生长＋植株光合作用＋植株生物量	$Y=3.007^{**}-0.244^{**}SD-3.456^{**}TC+0.006^{**}PFW-0.054^{**}PDW+0.784^{**}RFW$

注：Y 为产量，GR 为平均株高生长速率，SD 为茎粗，TC 为总叶绿素，$C_{a/b}$ 为叶绿素a/b，PC 为净光合速率，LAI 为叶面积指数，PFW 为植株鲜重，PDW 为植株干重，RFW 为根鲜重，RTR 为根冠比。* * 为 $P<0.01$ 水平差异显著。

逐步回归分析表明，甜瓜产量与植株生长无显著线性关系，与叶面积指数显著线性相关。植株生物量对产量的影响主要表现为根鲜重对产量的显著影响，植株生长、光合作用、生物量对甜瓜的共同作用表现为甜瓜产量与茎粗、总叶绿素、地上植株鲜重、地上植株干重、根鲜重极显著线性相关。

6.1.6 果实品质

进一步分析了试验因素对甜瓜品质的影响（表6-6）。覆膜方式对甜瓜可溶性固形物和有机酸有显著影响，半膜覆盖处理的可溶性固形物含量比全膜覆盖低14.26%，但有机酸含量也最低。滴灌毛管密度对甜瓜可溶性糖、可溶性固形物和有机酸含量有显著影响。3管4行的可溶性糖含量最高，分别比1管1行和1管2行高24.91%和12.6%，但有机酸含量也最高。1管2行的可溶性固形物含量最高，分别比1管1行和3管4行高3.93%和25.94%。1管2行的有机酸含量最低，分别比1管1行和3管4行低27.58%和39.51%，糖酸比分别为1管1行和3管4行的1.57倍和1.50倍。灌水下限对甜瓜有机酸含量有显著影响，灌水下限为70%田间持水量时最大，80%田间持水量时最小；80%田间持水量糖酸比分别为60%和70%田间持水量的1.61倍和2.08倍。综上所述，半膜覆盖、1管2行、80%田间持水量灌水下限组合的可溶性糖和可溶性固形物含量高，有机酸含量低。

表6-6　试验因素对甜瓜品质的影响

处理	可溶性糖/%	可溶性固形物/%	有机酸/%	糖酸比
P_F	6.46a	14.93a	0.47a	13.74b
P_H	6.15a	12.80b	0.26b	23.65a
P_N	6.12a	11.60b	0.45a	13.60b
T_1	5.58b	13.73a	0.41b	13.61b

（续）

处理	可溶性糖/%	可溶性固形物/%	有机酸/%	糖酸比
$T_{3/4}$	6.97a	11.33b	0.49a	14.22b
$T_{1/2}$	6.19b	14.27a	0.29c	21.34a
L60	6.23a	13.07a	0.41b	15.20b
L70	6.12a	12.93a	0.52a	11.77c
L80	6.38a	13.33a	0.26c	24.54a

6.2　滴灌供水方式对作物生长和产量的影响

6.2.1　交替滴灌

1. 株高、茎粗和叶面积指数

由图 6-2 可知，番茄定植 20 d 后到打顶前，各处理的平均株高无显著差异；CK、A50、A60、A70 处理的株高生长速率（是指把前一次测量值看作 100%，相邻两次测量之间的净生长量与前一次测量值的比值）随定植时间均呈先减后增趋势，定植 20～40 d 时分别为 72.67%、75.00%、78.00%、69.67%，定植 40～60 d 时分别为 32.00%、32.67%、31.00%、38.00%，定植 60～80 d 时分别为 23.67%、26.00%、22.33%、18.00%，但各处理之间差异不显著。

由图 6-2 可知，番茄定植 20 d 后到打顶前，各处理的茎粗无显著性差异，但茎粗生长速率有一定差异。定植 20～40 d 时，A50、A60、A70 处理的茎粗生长速率分别为 38%、35%、26%，显著高于 CK（10.67%）；定植 40～60 d 时，CK、A50、A60、A70 处理的茎粗生长速率分别为 13%、6%、11%、12%，处理间差异不显著；定植 60～80 d 时，A50、A60、A70 处理的茎粗生长速率分别为 13.33%、11.67%、17.67%，显著高于 CK（2.67%）。

A50、A60、A70 处理番茄植株在不同生育阶段的叶面积指数

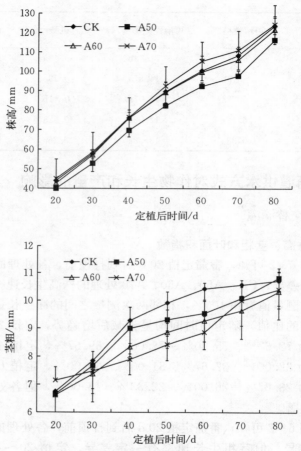

图 6-2 交替滴灌番茄株高和茎粗

无显著性差异，但在盛果期和成熟期都显著高于 CK（图 6-3）。盛果期 I，A50、A60、A70 处理番茄植株叶面积指数分别为 CK 的 1.48 倍、1.51 倍、1.58 倍；盛果期 II，A50、A60、A70 处理番茄植株叶面积指数分别为 CK 的 1.49 倍、1.39 倍、1.46 倍；成熟期，A50、A60、A70 处理番茄植株叶面积指数分别为 CK 的 2.25 倍、1.79 倍、1.96 倍。

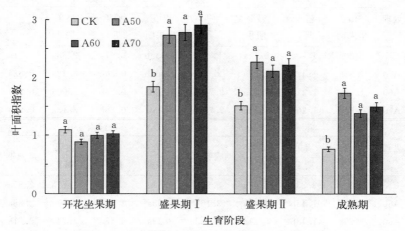

图 6-3　交替滴灌番茄不同生育阶段叶面积指数

注：不同小写字母表示不同处理在同一生育阶段差异达显著（$P<0.05$）。

2. 叶绿素和光合作用相关指标

由表 6-7 可知，从开花坐果期至成熟期，各处理番茄叶片的叶绿素 a、叶绿素 b、总叶绿素（a＋b）及类胡萝卜素含量整体都呈先增后减趋势，在盛果期Ⅱ达最大且不同处理间无显著差异。CK 番茄叶片的叶绿素 a、叶绿素 b、总叶绿素（a＋b）及类胡萝卜素含量在各个生育阶段都显著高于交替滴灌各处理或与交替滴灌各处理无显著性差异，但其盛果期Ⅰ的叶绿素 a/b 却显著小于交替滴灌 A60 和 A70 处理。

由表 6-8 和表 6-9 可知，整个生育期内，各处理番茄叶片的净光合速率、气孔导度、胞间 CO_2 浓度、蒸腾速率均值无显著性差异，但在不同生育阶段，各处理番茄叶片的净光合速率、气孔导度、胞间 CO_2 浓度、蒸腾速率差异显著。各处理净光合速率和蒸腾速率在盛果期整体高于开花坐果期和成熟期，各处理气孔导度和胞间 CO_2 浓度随生育阶段发展无明显规律。

表6-7　交替滴灌番茄不同生育阶段叶片光合色素

处理	叶绿素 a				叶绿素 b			
	开花坐果期	盛果期 I	盛果期 II	成熟期	开花坐果期	盛果期 I	盛果期 II	成熟期
CK	1.20a	1.76a	5.17a	2.89a	0.33ab	0.47a	2.85a	1.01a
A50	1.31a	1.12c	5.27a	2.35b	0.36ab	0.30b	3.12a	0.82a
A60	1.37a	1.21b	5.21a	2.78ab	0.423a	0.27b	3.00a	0.99a
A70	0.96b	1.20b	5.23a	2.73ab	0.26b	0.28b	3.13a	0.96a

处理	叶绿素（a+b）				叶绿素 a/b			
	开花坐果期	盛果期 I	盛果期 II	成熟期	开花坐果期	盛果期 I	盛果期 II	成熟期
CK	1.53ab	2.23a	8.02a	3.90a	3.64a	3.72b	1.81a	2.85a
A50	1.67a	1.43b	8.41a	3.16b	3.68a	3.68b	1.68a	2.88a
A60	1.79a	1.48b	8.21a	3.76ab	3.23a	4.48a	1.74a	2.81a
A70	1.21b	1.48b	8.36a	3.69ab	3.81a	4.33a	1.67a	2.85a

处理	类胡萝卜素			
	开花坐果期	盛果期 I	盛果期 II	成熟期
CK	3.64a	3.72a	1.81a	2.85a
A50	3.64	3.68c	1.67a	2.87a
A60	3.23a	4.48ab	1.73a	2.81a
A70	3.81b	4.33bc	1.67a	2.84a

注：不同小写字母表示不同处理的同一个指标在同一生育阶段差异达显著（$P < 0.05$）。

表6-8　番茄不同生育阶段叶片光合速率和气孔导度

处理	净光合速率/$\mu mol/(m^2 \cdot s)$				气孔导度/$mmol/(m^2 \cdot s)$			
	开花坐果期	盛果期 I	盛果期 II	成熟期	开花坐果期	盛果期 I	盛果期 II	成熟期
CK	8.93b	10.85c	13.94a	12.20a	0.20b	0.33a	0.18b	0.34b
A50	9.76b	11.48c	13.98a	12.11a	0.27a	0.31a	0.18b	0.35b
A60	9.80b	12.89b	12.28b	11.08b	0.28a	0.33a	0.33a	0.26c
A70	11.53a	13.86a	15.48a	11.15b	0.29a	0.30a	0.32a	0.41a

注：不同小写字母表示不同处理差异达显著（$P < 0.05$）。

表 6 - 9　番茄不同生育阶段叶片胞间 CO_2 浓度和蒸腾速率

处理	胞间 CO_2 浓度/$\mu mol/mol$				蒸腾速率/$mmol/(m^2 \cdot s)$			
	开花坐果期	盛果期Ⅰ	盛果期Ⅱ	成熟期	开花坐果期	盛果期Ⅰ	盛果期Ⅱ	成熟期
CK	295.01d	210.14d	451.33a	330.18a	2.14a	3.70a	3.03b	2.47ab
A50	403.21c	216.37c	434.33a	301.37a	2.05a	3.20bc	3.88b	2.89ab
A60	417.88b	230.67b	303.89b	376.01a	2.08a	3.33b	5.72a	1.98b
A70	439.06a	238.18a	286.71b	362.03a	2.03a	3.01c	5.69a	3.20a

A50 处理各生育阶段番茄叶片净光合速率与 CK 无显著差异。A60 处理番茄叶片净光合速率在盛果期Ⅰ比 CK 显著高 18.80%，盛果期Ⅱ、成熟期比 CK 分别低 11.91%、9.18%，开花坐果期与 CK 差异不显著。A70 处理番茄叶片净光合速率在开花坐果期、盛果期Ⅰ分别比 CK 高 29.11%、27.74%，盛果期Ⅱ与 CK 差异不显著，成熟期比 CK 低 8.60%。

A50 处理番茄叶片气孔导度在开花坐果期比 CK 高 35.00%，其他 3 个生育阶段则与 CK 无显著差异。A60、A70 处理番茄叶片气孔导度在盛果期Ⅰ与 CK 无显著差异，A60 处理在开花坐果期和盛果期Ⅱ比 CK 分别高 40.00% 和 83.33%，成熟期比 CK 低 23.53%，A70 处理开花坐果期、盛果期Ⅱ、成熟期分别比 CK 高 45.00%、77.78%、20.59%。

交替滴灌 3 个处理番茄叶片胞间 CO_2 浓度在开花坐果期、盛果期Ⅰ显著高于 CK，成熟期与 CK 无显著差异。盛果期Ⅱ，A50 处理番茄叶片胞间 CO_2 浓度与 CK 无显著差异，A60、A70 处理则显著低于 CK。CK 蒸腾速率在开花坐果期、成熟期与交替滴灌 3 个处理无显著差异，盛果期Ⅰ显著高于交替滴灌 3 个处理，盛果期Ⅱ显著低于 A60 和 A70 处理。

3. 干物质累积

由图 6 - 4 可知，A50 处理番茄干物质重与 CK、A60、A70 处理都无显著差异，A60、A70 处理番茄干物质重显著高于 CK，分

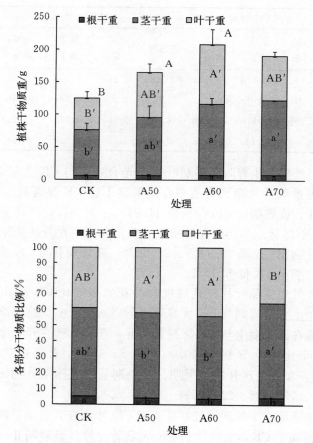

图 6-4 交替滴灌番茄干物质累积及植株各部分干物质比例

注：a、b、c 表示不同处理根干重差异达显著（$P<0.05$）；a′、b′、c′表示不同处理茎干重差异达显著（$P<0.05$）；A′、B′、C′表示不同处理叶干重差异达显著（$P<0.05$）。

别为 CK 的 1.67 倍、1.53 倍。各处理的根干重无显著差异，茎干重和叶干重差异显著。A50 处理茎干重与 CK、A60、A70 处理都无显著差异，A60、A70 处理茎干重显著高于 CK，分别为 CK 的

1.56 倍、1.64 倍。A50、A70 处理叶干重与 CK、A60 处理都无显著差异，A60 处理叶干重显著高于 CK，为 CK 的 1.88 倍。

CK 根干重占植株干重的比例显著高于交替滴灌 3 个处理，茎干重占植株干重比例、叶干重占植株干重比例则与交替滴灌 3 个处理无显著差异；与 A50、A60 处理相比，A70 处理显著提高了茎干重占植株干重的比例（图 6 - 4）。

4. 番茄果实品质、产量及水分利用效率

由表 6 - 10 可知，A50 处理番茄果实可溶性糖、可溶性固形物、番茄红素分别比 CK 显著高 38.08%、19.48%、30.05%，可溶性蛋白、维生素 C、有机酸、糖酸比与 CK 无显著差异；A60 处理番茄果实可溶性糖、可溶性固形物、可溶性蛋白、番茄红素、糖酸比分别是 CK 的 2.06 倍、1.26 倍、1.61 倍、1.40 倍、3.20 倍，维生素 C、有机酸与 CK 差异不显著；A70 处理番茄果实可溶性糖、可溶性固形物、可溶性蛋白、维生素 C 与 CK 差异不显著，有机酸比 CK 显著低 43.75%，糖酸比为 CK 的 1.97 倍。

表 6 - 10 交替滴灌番茄果实品质

处理	可溶性糖/%	可溶性固形物/%	可溶性蛋白/mg/g	维生素 C/mg（100 g）	有机酸/%	番茄红素/μg/g	糖酸比
CK	2.60c	5.80c	2.69b	15.76ab	0.32a	61.00c	8.13c
A50	3.59b	6.93b	2.83b	14.55b	0.29ab	79.33b	12.41bc
A60	5.35a	7.30a	4.32a	18.20a	0.21ab	85.38ab	26.04a
A70	2.60c	6.03c	2.57b	15.32ab	0.18b	90.00a	16.00b

由表 6 - 11 可知，A50、A60 处理番茄产量分别比 CK 高 2.55%、12.68%，但与 CK 差异不显著；A70 处理番茄产量比 CK 显著提高 24.60%。A50 处理灌水量比 CK 显著低 29.67%，A60、A70 处理灌水量与 CK 差异不显著；A50、A60、A70 处理水分利用效率分别比 CK 显著提高 45.79%、19.54%、17.05%。

表 6-11　交替滴灌番茄产量、灌水量及水分利用效率

处理	产量/t/hm²	灌水量/mm	水分利用效率/kg/m³
CK	75. 21b	291. 17ab	44. 16c
A50	77. 13b	204. 78c	64. 38a
A60	84. 75ab	274. 42b	52. 79b
A70	93. 71a	309. 89a	51. 69b

6.2.2　地下滴灌

1. 株高、茎粗和叶面积指数

由图 6-5 可知，番茄打顶前，S20 处理番茄株高最高，但各处理的平均株高无显著差异；CK、S10、S20、S30 处理的株高生长速率随定植时间都呈减小趋势，定植 20～40 d 分别为 72.67%、71.00%、84.33%、70.67%，各处理之间差异不显著；定植 40～60 d 分别为 32.00%、24.67%、39.00%、39.33%，S10 处理显著小于其他 3 个处理；定植 60～80 d 分别为 23.67%、36.67%、20.33%、23.00%，S10 处理显著大于其他 3 个处理。

由图 6-5 可知，番茄植株打顶前，CK、S20、S30 处理的茎粗显著大于 S10 处理，各处理的生长速率有一定差异。定植 20～40 d，CK、S10、S20、S30 处理的茎粗生长速率分别为 38.00%、23.00%、32.33%、43.67%，处理间差异不显著；定植 40～60 d，CK、S10、S20、S30 处理的茎粗生长速率分别为 13.00%、10.67%、16.33%、2.33%，S20 处理显著大于 S30 处理；定植 60～80 d，CK、S10、S20、S30 处理的茎粗生长速率分别为 2.67%、5.33%、6.00%、12.67%，S30 处理显著大于 CK。

各处理番茄植株的叶面积指数由开花坐果期至成熟期呈先增后减趋势，盛果期Ⅰ达最大。开花坐果期、盛果期Ⅱ、成熟期，各处理叶面积指数无显著性差异；盛果期Ⅰ，各处理叶面积指数差异显著，S20、S30 处理显著大于 CK、S10 处理，S20 处理叶面积指数分别比 CK、S10 处理高 23.37%、28.25%，S30 处理叶面积指数

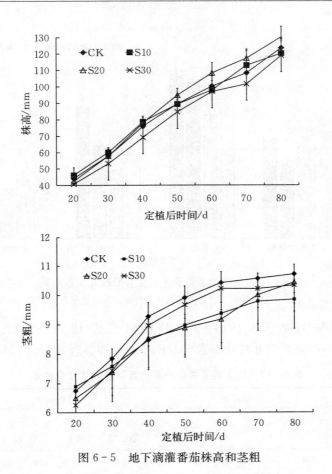

图 6-5　地下滴灌番茄株高和茎粗

分别比 CK、S10 处理高 30.98％、36.16％（图 6-6）。

2. 叶绿素和光合作用相关指标

由表 6-12 可知，各处理番茄叶片的叶绿素 a、叶绿素 b、总叶绿素（a＋b）及类胡萝卜素含量随生育阶段的发展，总体呈先增后减趋势，盛果期Ⅱ达最大。CK 番茄叶片的叶绿素 a、叶绿素 b、总叶绿素（a＋b）含量在各个生育阶段都显著高于地下滴灌各处理，或与地下滴灌各处理无显著性差异；但 CK 盛果期Ⅰ的叶绿素

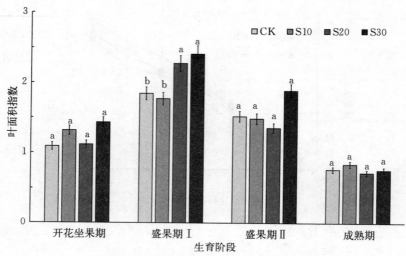

图 6-6　地下滴灌番茄不同生育阶段叶面积指数

注：不同小写字母表示不同处理在同一生育阶段差异达显著（$P<0.05$）。

a/b 却分别比 S10、S20、S30 处理显著低 16.96％、17.70％、21.19％，盛果期Ⅱ的叶绿素 a/b 比 S20 处理显著低 17.73％。

表 6-12　地下滴灌番茄不同生育阶段叶片光合色素

处理	叶绿素 a				叶绿素 b			
	开花坐果期	盛果期Ⅰ	盛果期Ⅱ	成熟期	开花坐果期	盛果期Ⅰ	盛果期Ⅱ	成熟期
CK	1.20a	1.76a	5.17a	2.89a	0.33a	0.47a	2.85a	1.01a
S10	1.23a	1.23b	4.88a	2.90a	0.32a	0.27b	2.44a	1.03a
S20	1.11b	1.44b	4.85a	2.47a	0.32a	0.32b	2.21a	0.89a
S30	1.16a	1.18b	4.99a	2.72a	0.35a	0.25b	2.30a	0.99a

处理	总叶绿素（a+b）				叶绿素 a/b			
	开花坐果期	盛果期Ⅰ	盛果期Ⅱ	成熟期	开花坐果期	盛果期Ⅰ	盛果期Ⅱ	成熟期
CK	1.53a	2.24a	8.02a	3.90a	3.64a	3.72b	1.81b	2.85a
S10	1.55a	1.51b	7.33a	3.93a	3.87a	4.48a	2.05a	2.82a

（续）

处理	总叶绿素（a+b）				叶绿素 a/b			
	开花坐果期	盛果期Ⅰ	盛果期Ⅱ	成熟期	开花坐果期	盛果期Ⅰ	盛果期Ⅱ	成熟期
S20	1.43a	1.76b	7.07a	3.36a	3.45a	4.52a	2.20a	2.78a
S30	1.52a	1.43b	7.29a	3.71a	3.32b	4.72a	2.17a	2.75a

处理	类胡萝卜素			
	开花坐果期	盛果期Ⅰ	盛果期Ⅱ	成熟期
CK	0.25a	0.36a	0.85a	0.62a
S10	0.28a	0.27b	0.82a	0.62a
S20	0.23a	0.31b	0.93a	0.52a
S30	0.22b	0.27b	0.93a	0.58a

注：不同小写字母表示不同处理的同一个指标在同一生育阶段差异达显著（$P<0.05$）。

由表6-13和表6-14可知，整个生育期内，各处理番茄叶片的净光合速率、气孔导度、胞间CO_2浓度、蒸腾速率均值无显著性差异，不同生育阶段各处理番茄叶片的净光合速率、气孔导度、胞间CO_2浓度、蒸腾速率差异显著。各处理盛果期Ⅱ净光合速率和胞间CO_2浓度整体高于其他3个生育阶段，各处理盛果期蒸腾速率高于其他2个生育阶段，各处理气孔导度随生育阶段发展无明显规律。

表6-13　番茄不同生育阶段叶片光合速率和气孔导度

处理	净光合速率/μmol/(m²·s)				气孔导度/mmol/(m²·s)			
	开花坐果期	盛果期Ⅰ	盛果期Ⅱ	成熟期	开花坐果期	盛果期Ⅰ	盛果期Ⅱ	成熟期
CK	8.93b	10.85a	13.94ab	12.20a	0.20b	0.33a	0.18b	0.34a
S10	9.51b	9.02b	14.50a	9.22c	0.21b	0.25b	0.40a	0.38a
S20	9.04b	8.19c	13.24bc	10.57b	0.27a	0.30ab	0.40a	0.33a
S30	10.70a	8.38bc	13.04c	10.57b	0.28a	0.27b	0.12b	0.24b

注：不同小写字母表示不同处理差异达显著（$P<0.05$）。

表 6 - 14　番茄不同生育阶段叶片胞间 CO_2 浓度和蒸腾速率

处理	胞间 CO_2 浓度/$\mu mol/mol$				蒸腾速率/$mmol/(m^2 \cdot s)$			
	开花坐果期	盛果期 I	盛果期 II	成熟期	开花坐果期	盛果期 I	盛果期 II	成熟期
CK	295.01c	210.14b	451.33a	330.18a	2.14a	3.70a	3.03b	2.47a
S10	305.40c	203.31b	420.22b	323.86a	2.16a	2.90c	6.45a	3.62a
S20	339.62b	219.51a	408.25b	311.80b	2.40a	3.30b	6.71a	2.69a
S30	370.67a	223.83a	439.00a	301.30b	2.23a	3.07bc	2.99b	1.72b

S10 处理番茄叶片净光合速率在开花坐果期和盛果期 II 与 CK 无显著差异，盛果期 I 和成熟期比 CK 显著低 16.87% 和 24.43%；气孔导度在开花坐果期和成熟期与 CK 无显著差异，盛果期 I 比 CK 显著低 24.24%，盛果期 II 比 CK 显著高 122.22%；胞间 CO_2 浓度在盛果期 II 比 CK 显著低 6.89%，其他 3 个生育阶段与 CK 无显著差异；蒸腾速率在开花坐果期和成熟期与 CK 无显著差异，盛果期 I 比 CK 显著低 21.62%，盛果期 II 比 CK 显著高 112.87%。

S20 处理番茄叶片净光合速率在开花坐果期和盛果期 II 与 CK 无显著差异，盛果期 I 和成熟期比 CK 显著低 24.51% 和 13.36%；气孔导度在盛果期 I 和成熟期与 CK 无显著差异，开花坐果期和盛果期 II 比 CK 显著高 35.00% 和 122.22%；胞间 CO_2 浓度在开花坐果期和盛果期 I 比 CK 显著高 15.12% 和 4.46%，盛果期 II 和成熟期比 CK 显著低 9.55% 和 5.57%；蒸腾速率在开花坐果期和成熟期与 CK 无显著差异，盛果期 I 比 CK 显著低 10.81%，盛果期 II 比 CK 显著高 121.45%。

S30 处理番茄叶片净光合速率在开花坐果期比 CK 显著高 19.82%，盛果期 I、盛果期 II、成熟期比 CK 显著低 22.76%、6.46%、13.36%；气孔导度在开花坐果期比 CK 显著高 40.00%，盛果期 I 和成熟期比 CK 显著低 18.18% 和 29.41%，盛果期 II 与 CK 无显著差异；胞间 CO_2 浓度在开花坐果期和盛果期 I 比 CK 显著高 25.65％和 6.51％，盛果期Ⅱ与 CK 无显著差异，成熟期比 CK 显著低 28.88％；蒸腾速率在开花坐果期和盛果期Ⅱ与 CK 无显著差异，盛果期Ⅰ和成熟期比 CK 显著低 17.03％和 30.36％。

3. 干物质累积

由图 6-7 可知，S10、S20 处理番茄干物质重与 CK 无显著差异，S30 处理番茄干物质重比 CK、S10、S20 处理显著高 50.73％、

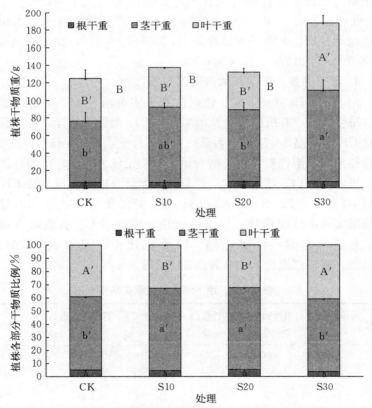

图 6-7　地下滴灌番茄干物质累积及植株各部分干物质比例

注：a、b、c 表示不同处理根干重差异达显著（$P<0.05$）；a′、b′、c′表示不同处理茎干重差异达显著（$P<0.05$）；A′、B′、C′表示不同处理叶干重差异达显著（$P<0.05$）。

36.97%、42.60%。各处理的根干重无显著差异，茎干重和叶干重差异显著。CK、S10、S20 处理茎干重无显著差异，S30 处理茎干重与 S10 处理无显著差异但比 CK 和 S20 处理显著高 92.67% 和 20.9%。S30 处理叶干重比 CK、S10、S20 处理显著高 57.54%、70.60%、80.34%。

各处理根干重占植株干重的比例无显著差异。S10、S20 处理茎干重占植株干重比例分别比 CK 显著高 11.9% 和 11.13%，比 S30 处理显著高 13.17% 和 12.39%。CK、S30 处理叶干重占植株干重比例分别比 S10 处理显著高 18.32% 和 24.3%，比 S20 处理显著高 20.34% 和 26.42%（图 6-7）。

4. 番茄品质、产量和水分利用效率

由表 6-15 可知，S10 处理番茄果实可溶性糖、可溶性固形物、维生素 C、有机酸含量及糖酸比与 CK 无显著差异，可溶性蛋白比 CK 显著高 14.50%，番茄红素比 CK 显著低 18.85%；S20 处理番茄果实可溶性糖、有机酸含量与 CK 无显著差异，可溶性固形物、可溶性蛋白、维生素 C、番茄红素含量及糖酸比分别比 CK 显著高 10.86%、32.34%、35.66%、33.97% 及 53.01%；S30 处理番茄果实可溶性固形物、可溶性蛋白、维生素 C、有机酸含量与 CK 无显著差异，可溶性糖、糖酸比比 CK 显著高 26.54%、44.4%，番茄红素比 CK 显著低 34.02%。

表 6-15 地下滴灌番茄果实品质

处理	可溶性糖/%	可溶性固形物/%	可溶性蛋白/mg/g	维生素 C/mg（100 g）	有机酸/%	番茄红素/μg/g	糖酸比
CK	2.60b	5.80b	2.69c	15.76b	0.32a	61.00b	8.13c
S10	2.79ab	5.87b	3.08b	18.47ab	0.29a	49.50c	9.64bc
S20	2.88ab	6.43a	3.56a	21.38a	0.23a	81.72a	12.44a
S30	3.29a	6.07ab	2.89bc	15.09b	0.28a	40.25d	11.74ab

由表 6-16 可知，S10 处理番茄产量与 CK 和 S30 处理差异不显著，灌水量比 CK 显著低 6.84%，水分利用效率比 CK 显著高

14.83%；S20 处理番茄产量比 CK 显著高 22.35%但与 S30 处理差异不显著，灌水量比 CK 显著低 9.99%但与 S30 处理差异不显著，水分利用效率比 CK 显著高 35.91%但与 S30 处理差异不显著；S30 处理番茄产量比 CK 显著高 19.53%，灌水量比 CK 显著低 12.72%，水分利用效率比 CK 显著高 36.93%。

表 6-16　地下滴灌番茄产量、灌水量及水分利用效率

处理	产量/t/hm^2	灌水量/mm	水分利用效率/kg/m^3
CK	75.21c	291.17a	44.16c
S10	80.47bc	271.25b	50.71b
S20	92.02a	262.08bc	60.02a
S30	89.90ab	254.12c	60.47a

6.3　覆膜滴灌对植株生长和产量的影响机理

6.3.1　覆膜滴灌布设措施的影响

试验结果表明，半膜覆盖植株的地上植株鲜重/干重、水分利用效率等均优于全膜覆盖和无膜处理，特别是茎粗、根鲜重、叶面积指数、根冠比、甜瓜产量显著高于全膜覆盖和无膜处理。根系是作物吸收水分、营养物质的主要器官，其生长状况直接影响地上植株的生长发育和生物量（冯烨等，2013；Hao et al.，2009；Waisel et al.，2003），较高的根冠比能保障地上植株生长所需的养分供给，有利于作物高产（Graham，1984）。半膜覆盖的根重和根冠比大于其他覆盖处理，而根重与产量之间有极显著的线性关系。试验测定的半膜覆盖土壤温度较高，水分分布最均匀，甜瓜开花坐果期至成熟期内脲酶活性均值分别比全膜覆盖和无膜高 25.16%和 1.46%，说明半膜覆盖使土壤与空气保持一定的联系，形成了良好的水、热环境（李尚中等，2010），从而提高了土壤酶活性，增强了植株与土壤水分和养分的交换能力，更有利于植株对土壤氮、磷等营养元素的转化利用，促进植株生长和产量提高。特别是脲酶活性的提高，促进氮的转化吸收并影响光合作用（Bondada et al.，1996）。同时，回归分析也表明叶面积指数与甜瓜产量显著线性相关。在叶绿素和净光合效率差异不大的情况下，半膜覆盖促进了叶面积指数升高，叶面积指数的增加有利于增强光合作用，增加生物量的累积（李毅杰等，2013）。茎粗的增大可以更好地向地上植株输送养分和水分（Genty et al.，1989），促进光合物质的积累（邹志荣等，2005）。试验也发现，半膜覆盖茎粗最大，且甜瓜产量与茎粗极显著线性相关。

较高的根面积、根体积和根冠比，不仅有利于作物吸收更多的养分，而且能使光合产物更多向果实分配而提高产量（Graham，1984；刘晓冰等，2010）。试验逐步回归也发现，根鲜重与甜瓜产量显著线性相关。3管4行，甜瓜茎粗、根鲜重、根冠比最大，水分利用效率和甜瓜产量也最大。1管2行的茎粗、根鲜重和地上植株干重等最低，但1管2行的根冠比仅次于3管4行，甜瓜产量也仅次于3管4行且无显著差异。可能的原因是虽然1管2行的茎粗和根鲜重等指标低于3管4行，但其净光合速率和叶面积指数与3管4行并无显著区别，因此光合同化能力也高（王喜庆等，1998），较高的根冠比促进了光合产物更多地分配到果实（Ehdaie et al.，2010；Hu et al.，2009），有利于提高产量。另外，开花坐果期前期至成熟期是甜瓜吸收积累养分的关键时期（陈波浪等，2013），养分更多向果实分配（宋世威等，2008）。1管2行的甜瓜根区土壤 pH 最接近中性，有利于根系生长，其开花坐果期土壤脲酶活性比3管4行高17.14％，果实膨大期和成熟期土壤磷酸酶活性比3管4行分别高31.99％和60.73％（表6-17）。因此，1管2行处理可以使更多土壤氮磷转化，提高了甜瓜氮磷吸收利用率，提高了甜瓜产量。1管1行的根冠比最低，甜瓜成熟期的土壤脲酶活性和磷酸酶活性也最低，不利于对土壤氮磷等养分的转化吸收且将更多的光合产物分配给了植株部分，因此甜瓜产量最低。

表 6 - 17 不同毛管密度的土壤酶 [mg/(g·d)]

处理	脲酶			磷酸酶		
	开花坐果期	果实膨大期	成熟期	开花坐果期	果实膨大期	成熟期
$T_{1/2}$	49.52a	191.14ab	106.78b	131.35a	147.35a	39.86a
$T_{3/4}$	49.73a	163.16b	137.04a	123.91a	111.63b	24.80b
T_1	36.76b	216.89a	87.34c	132.37a	146.46a	22.41b

注：不同小写字母表示在同一生育时期的酶活性差异达显著（$P<0.05$）。

较高的灌水下限，使得甜瓜坐果率偏低，造成低产；较低的灌水下限，不利于营养物质在果实中累积，单瓜质量较低，造成低产（牛勇等，2013）。本书试验也发现，灌水下限为70%田间持水量的甜瓜产量最高，分别比60%田间持水量和80%田间持水量高22.58%和2.42%，这是由于70%田间持水量的灌水量为100.66 mm，是60%田间持水量的1.73倍，仅为80%田间持水量的65.00%，较高的水分供给保证了甜瓜生长和产量的提高。虽然灌水下限为80%田间持水量处理的茎粗、植株鲜重、植株干重和根鲜重等均最大，但其根冠比较70%田间持水量处理低9.61%，较小的根冠比不利于光合产物向果实分配影响产量的提高（Graham，1984），因此80%田间持水量处理的甜瓜产量略低于70%田间持水量处理。

当灌水下限为60%田间持水量时，甜瓜受水分缺乏胁迫，虽然叶绿素含量较高，但净光合速率最低，较低的水分下限使吸收的光能用于热耗散能量比例上升，用于光系统能量转化的比例下降（赵青松等，2011），降低了光合效率和产物生成（綦伟等，2006）。另外，干旱条件下只有较大的根系才能确保作物吸收足够的水分和养分，获得较高的产量（Ehdaie et al.，2010；Dorlodot et al.，2007）。形成单位产量的干物质，根系需要的光合同化产物是地上植株部分的两倍（王艳哲等，2013）。因此，60%田间持水量的高根冠比导致较低的光合产物主要分配给了根系，无法获得更高的产量。

6.3.2 覆膜滴灌供水方式的影响

1. 交替滴灌

试验发现，与地表滴灌相比，交替滴灌未提高番茄叶片的叶绿素 a、叶绿素 b、总叶绿素（a+b）、类胡萝卜素含量及叶片光合效率，显著提高番茄盛果期和成熟期的叶面积指数。叶片叶绿素在植物光合作用中，对光能的吸收、传递和转换起着重要作用（Zhao et al.，2014），直接影响光合效率，最终影响生物量累积。有研究表明，与地表滴灌相比，交替滴灌略降低了黄瓜叶片的光合色素含量和净光合速率，未能显著提高葡萄叶片光合速率（董彦红等，2016），这与本书试验结果类似，但这些研究并未分析交替滴灌对植物叶面积指数的影响。叶面积指数与植株的整体实际光合效率及初级光合生产力显著相关（Abou‐Ismai et al.，2004；Doraiswamy et al.，2004），本书试验发现交替滴灌促进了番茄叶面积指数的显著提高，进而实际提高了番茄植株整体的光合作用效率。也有研究表明，交替滴灌能显著提高玉米叶片的叶绿素含量，这与本书试验结果不同，因其研究试验条件显著不同于本书试验，采取盆栽试验且在玉米生育期内进行了追肥处理（Li et al.，2010）。

本章结果表明，灌水下限较低时交替滴灌叶片光合效率未明显提高，灌水下限为 70% 田间持水量时，成熟期番茄叶片光合效率显著低于地表滴灌，盛果期Ⅱ与地表滴灌差异不显著，但显著提高了番茄开花坐果期、盛果期Ⅰ叶片净光合速率，因而在相同田间持水量条件下，交替滴灌能显著提高番茄叶片光合效率。另外，叶绿素 a 和叶绿素 b 的吸收光谱不同，叶绿素 a 最大的吸收波长范围为 420～663 nm，叶绿素 b 最大的吸收波长范围为 460～645 nm，且只有处于激发状态的少数叶绿素 a 能将光能转化为电能（Goodwin，1980；姚允聪等，2007）。因此，叶绿素 a/b 的适当增大能提高叶片对光能的利用率，增强光合作用（王建华等，2011）。交替滴灌灌水下限为 60% 和 70% 田间持水量时，番茄盛果期Ⅰ的叶绿素 a/b 显著大于地表滴灌，有利于植物提高光能利用率，促进光合作用。同时，本章结果发现，交替滴灌显著提高了番茄定植20～40 d 和 60～80 d 的茎粗生长速率，而茎粗的良好生长有利于地上植株吸收土壤中的水分和养分，增加生物量积累（Genty et al.，1989）。

　　与地表滴灌相比，交替滴灌不仅优化了番茄地上植株生长，还显著促进了番茄根系生长，灌水下限为50％、60％、70％田间持水量交替滴灌的番茄根长分别为地表滴灌的 1.71 倍、1.41 倍、1.27 倍，根面积分别比地表滴灌高 44.87％、33.05％、28.96％，根系分叉数分别为地表滴灌的 2.60 倍、2.26 倍、2.86 倍，开花坐果期根系活力分别为地表滴灌的 1.77 倍、2.13 倍、2.78 倍，盛果期根系活力分别为地表滴灌的 1.39 倍、1.94 倍、1.61 倍。灌水下限为50％、70％田间持水量交替滴灌的根体积为地表滴灌的 1.42 倍、1.36 倍。研究发现，在同等灌水量条件下，交替滴灌比地表滴灌更能显著提高番茄根长、根面积、根体积（Chen et al.，2016），这与本章结果基本一致，唯一的区别是本书试验中同等灌水量条件的交替滴灌和地表滴灌根体积无显著差异。原因可能是该研究进行了施氮肥处理，而本书试验只施底肥。有研究采用温室盆栽试验，发现交替滴灌能显著提高番茄根干重（Mingo et al.，2004）。这与本章结果不一致，本书试验中交替滴灌促进了根系干物质的增加，然而与地表滴灌无显著差异，但显著降低了根干重占整个植株干物质的比例，在根长、根面积、根体积、根系分叉数和根系活力显著提高的情况下，适宜的根干重比在能显著促进植物吸收土壤水分和养分（Grossnickle，2005；Wang et al.，2012b）的同时，更有利于光合产物向地上植株分配（Dass et al.，2016；Mudgil et al.，2016），有利于提高产量。

　　交替滴灌不仅优化了番茄地上植株生长，而且显著促进了根系生长，必然反映到番茄生物量的累积和产量上（Ren et al.，2016；Zhang et al.，2016）。本章结果发现，灌水下限为50％田间持水量交替滴灌的番茄植株总干物质与地表滴灌无显著差异，但当灌水下

限提高到 60%、70% 田间持水量时，番茄植株总干物质显著高于
地表滴灌。灌水下限为 50%、60% 田间持水量交替滴灌的番茄产
量与地表滴灌差异不显著，灌水下限提高到 70% 田间持水量时，
番茄产量比地表滴灌显著提高 24.60%。番茄生物量和产量不仅与
光合作用、根系营养相关，还与光合物质的分配相关。试验测定发
现，交替滴灌显著促进了灌水下限为 60% 田间持水量番茄的叶干
重、灌水下限为 70% 田间持水量番茄的茎干重，而茎干重显著增加
能提高产量（表 6 - 18）。同时，与地表滴灌相比，交替滴灌在一定
程度上降低了根干重占植株干重的比例，有利于光合产物更多向地
上植株分配。虽然灌水下限为 50%、60% 田间持水量处理番茄植
株总干物质显著大于地表滴灌，也降低了根干重的比例，但增加了
叶干重比例而降低了茎干重比例，这可能是导致其番茄产量没有显
著高于地表滴灌的原因。灌水下限为 70% 田间持水量处理番茄植
株不仅降低了根干重比例，其叶干重比例降低而茎干重比例增加，
产量也显著高于地表滴灌。灌水下限为 50%、60% 田间持水量处
理的灌水下限比地表滴灌低 10%～20%，水分的限制可能导致光
合产物有利于向番茄地上植株分配，而当田间持水量同为 70% 时，
交替滴灌则有利于光合产物向果实分配而提高产量。

表 6 - 18　交替滴灌番茄产量与干物质相关性分析

指标	产量	叶干重	茎干重	根干重	总干重
产量	1	0.279	0.605*	0.441	.472
叶干重	0.279	1	0.765**	0.616*	0.936**
茎干重	0.605*	0.765**	1	0.924**	0.943**
根干重	0.441	0.616*	0.924**	1	0.827**
总干重	0.472	0.936**	0.943**	0.827**	1

注：＊＊表示在 0.01 水平上显著；＊表示在 0.05 水平上显著，下同。

　　交替滴灌还对番茄果实品质产生了显著影响。试验发现，灌水
下限为 50% 田间持水量番茄果实可溶性糖、可溶性固形物、番茄
红素分别比地表滴灌显著高 38.08%、19.48%、30.05%，可溶性

蛋白、维生素 C、有机酸、糖酸比与地表滴灌无显著差异。当灌水下限升高到 60% 田间持水量时，番茄果实可溶性糖、可溶性固形物、可溶性蛋白、番茄红素、糖酸比分别是地表滴灌的 2.06 倍、1.26 倍、1.61 倍、1.40 倍、3.20 倍，维生素 C、有机酸则差异不显著。灌水下限增加到 70% 田间持水量时，番茄果实可溶性糖、可溶性固形物、可溶性蛋白、维生素 C 与地表滴灌差异不显著，有机酸显著降低 43.75%，糖酸比为地表滴灌的 1.97 倍。

Yang 等（2012）研究发现，交替滴灌显著提高了番茄可溶性糖含量、降低了有机酸含量，进而提高了糖酸比，这与本章结果一致。该研究还发现，交替滴灌显著增加了番茄维生素 C 含量，这与本章结果不一致，原因可能是该研究施用了钙肥，而钙肥能促进光合作用进而利于维生素 C 合成（Ochmian，2012；Poovaiah，1979）。本书试验对番茄果实中的养分含量进行测定（表 6 - 19），结果发现灌水下限为 60% 和 70% 田间持水量能显著提高番茄果实氮、磷含量，这可能有利于改善番茄果实营养品质。

表 6 - 19　交替滴灌番茄果实养分含量

处理	全氮/%	全磷/%	有机碳/%
CK	2.22c	0.371c	39.58a
A50	1.81d	0.350d	38.55b
A60	2.90a	0.514b	39.39a
A70	2.83b	0.532a	39.20a

交替滴灌显著促进番茄生长、提高番茄产量，也提高了水分利用效率。试验发现，交替滴灌灌水下限为 50% 田间持水量的水分利用效率比地表滴灌显著提高 45.79%，交替滴灌灌水下限为 60%、70% 田间持水量的灌水量与地表滴灌差异不显著，但水分利用效率分别显著提高 19.54%、17.05%。因此，综合番茄生长、果实产量和品质、水分利用等各方面考虑，灌水下限为 60% 或

70%田间持水量交替滴灌是设施番茄栽植可供选择的适宜灌水布设方式。

2. 地下滴灌

本章结果表明，在番茄各生育阶段，地下滴灌番茄叶片光合色素含量、净光合速率或与地表滴灌无显著差异或显著低于地表滴灌（其中盛果期Ⅰ和成熟期净光合速率显著低于地表滴灌）。研究表明，地下滴灌显著提高了番茄叶片叶绿素含量（Kahlaoui et al.，2011），这与本书试验结果不同，主要原因是该研究灌水采用了含盐水，水中的 Ca^{2+}、K^+、Mg^{2+} 等离子可能促进了叶绿素的合成（Kumar et al.，2014）。植物光合作用及生物量累积与植物叶片叶绿素、光合效率、叶面积指数显著相关（李磊等，2011），叶面积指数显著增加有利于提高作物冠层光线有效辐射的截获，促进番茄植株整体的光合作用（赵娟等，2013），叶绿素 a/b 的显著增加有利于增强植株对光能的转化利用（Marschall et al.，2004），增加生物量累积（Kitajima et al.，2003）。本章结果发现，地下滴灌显著提高盛果期Ⅰ的叶绿素 a/b，地表滴灌叶绿素 a/b 分别比滴灌带埋深 10 cm、20 cm、30 cm 地下滴灌显著低 16.96%、17.70%、21.19%；滴灌管埋深 20 cm 和 30 cm 处理的盛果期Ⅰ叶面积指数分别比地表滴灌显著高 23.37%、30.98%。因此，地下滴灌在一定程度上可以促进番茄植株整体光合作用，有利于光合产物累积和产量提高。

地下滴灌的毛管不同埋深对番茄根系生长造成不同程度的影响。滴灌毛管埋深 10 cm 的番茄根系分叉数为地表滴灌的 1.85 倍，根长和根面积则无显著提高；滴灌毛管埋深 20 cm、30 cm 的根长为地表滴灌的 1.43 倍、1.46 倍，根面积比地表滴灌显著高 20.82%、14.62%，根系分叉数为地表滴灌的 2.77 倍、2.22 倍。滴灌毛管埋深 20 cm、30 cm 开花坐果期和成熟期根系活力比地表滴灌显著高 116.92%、46.04% 和 12.43%、49.37%。研究发现，滴灌毛管埋深 20 cm 和 30 cm 时，土壤持水性良好，形成的土壤水分分布环境能促进根系生长（Santos et al.，2016），这与本章结果相吻合。

　　根长、根面积的显著提高能促进作物吸收更深土壤范围的水分和养分，根系分叉数、根系活力的增加则有利于作物吸收更多的水分和养分（Hochholdinger et al.，2016；徐国伟等，2015；Waddell et al.，2016），促进作物生长。地下滴灌对番茄植株和根系生长的影响，将集中体现在生物量累积和产量上（Fernándezet al.，2016）。试验发现，滴灌毛管埋深 30 cm 番茄干物质重比地表滴灌显著高 50.73％、茎干重比地表滴灌显著高 92.67％、叶干重比地表滴灌显著高 57.54％，番茄产量比地表滴灌显著高 19.53％。滴灌毛管埋深 20 cm 番茄干物质重与地表滴灌无显著差异，但番茄产量比地表滴灌显著高 22.35％。相关性分析发现（表 6 - 20），番茄产量与根干重显著相关，与根面积、根系分叉数、根体积极显著相关，而滴灌毛管埋深 20 cm 时根干重、根面积、根系分叉数、根体积最大，根面积、根系分叉数显著大于地表滴灌，这有利于促进番茄对土壤水分和养分的吸收，因此其产量也最高。滴灌毛管埋深 20 cm 和 30 cm 的根系各指标无显著差异，其番茄产量也无显著差异。

表 6 - 20　地下滴灌番茄产量与干物质相关性分析

指标	产量	叶干重	茎干重	根干重	总干重	根长	根面积	根系分叉数	根体积
产量	1	0.27	0.37	0.75*	0.35	0.58	0.95**	0.93**	0.81**
叶干重	0.27	1	0.92**	0.13	0.98**	0.48	0.29	−0.059	−0.14
茎干重	0.37	0.92**	1	0.27	0.98**	0.34	0.35	0.08	0.12
根干重	0.75*	0.13	0.27	1	0.24	0.16	0.64	0.69*	0.73*
总干重	0.35	0.98**	0.98**	0.24	1	0.43	0.35	0.03	0.01
根长	0.58	0.48	0.34	0.16	0.43	1	0.76*	0.51	0.24
根面积	0.95**	0.29	0.35	0.63	0.35	0.76*	1	0.92**	0.75*
根系分叉数	0.93**	−0.06	0.08	0.69*	0.033	0.51	0.92**	1	0.89**
根体积	0.81**	−0.14	0.12	0.73*	0.01	0.24	0.75*	0.89**	1

地下滴灌对番茄植株生长和产量有显著影响，也对番茄果实品质产生了显著影响。试验发现，滴灌毛管埋深 10 cm 的番茄果实可溶性糖、可溶性固形物、维生素 C、有机酸含量及糖酸比与地表滴灌无显著差异，但可溶性蛋白显著提高 14.5%。滴灌毛管埋深增加为 20 cm 时，番茄果实可溶性糖、有机酸含量与地表滴灌无显著差异，可溶性固形物、可溶性蛋白、维生素 C、番茄红素含量及糖酸比分别比地表滴灌显著提高 10.86%、32.34%、35.66%、33.97%、53.01%。滴灌带埋深增加为 30 cm 时，番茄果实可溶性固形物、可溶性蛋白、维生素 C、有机酸含量与地表滴灌无显著差异，可溶性糖、糖酸比比地表滴灌显著高 26.54%、44.40%，番茄红素显著降低 34.02%。研究发现，地下滴灌能显著提高苹果中的可溶性固形物和维生素 C 含量（Chenafi et al.，2016），这与本章结果一致；有研究认为，不充分地下灌溉能显著提高番茄果实品质（Mu et al.，2016），但该研究进行了施肥处理，而本书试验没有进行施肥处理。对本书试验中番茄果实的养分进行分析，发现滴灌毛管埋深 20 cm 地下滴灌番茄果实中全氮、有机碳的含量最高，显著高于地表滴灌，可能是因为滴灌毛管埋深 20 cm 形成了更好的土壤环境，且根系生长最好，因此促进了番茄对土壤营养物质的吸收，改善了番茄品质（Usman et al.，2016；Watanabe et al.，2015）。滴灌毛管埋深 30 cm 的根系生长也显著好于地表滴灌，与滴灌毛管埋深 20 cm 差异不显著，但其植株干物质重显著高于其他 3 个处理，产量也与滴灌毛管埋深 20 cm 差异不显著，造成果实中氮营养物质比例的相对降低（表 6-21），因此品质差于滴灌毛管埋深 20 cm 处理。

表 6-21　地下滴灌番茄果实养分含量

处理	全氮/%	全磷/%	有机碳/%
CK	2.22b	0.371d	39.58b
S10	2.19b	0.384b	39.27b
S20	2.39a	0.376c	41.34a
S30	1.67c	0.409a	40.23ab

地下滴灌在促进番茄生长、提高产量的同时，也提高了水分利用效率。滴灌毛管埋深 10 cm 处理的灌水量比地表滴灌显著低 6.84％，水分利用效率比地表滴灌显著高 14.83％；滴灌毛管埋深 20 cm、30 cm 处理灌水量比地表滴灌显著低 10.00％、12.72％，水分利用效率显著高 35.91％、36.93％。综合考虑，在设施番茄的栽植中，地下滴灌毛管埋深 20 cm 是较为适宜的灌水布设方式。

6.4　本章小结

6.4.1　覆膜滴灌布设措施的影响

半膜覆盖提高了植株茎粗、叶面积指数、根冠比等指标，有利于生物量的累积和产量的提高且具有较高的水分利用效率，氮肥偏生产力和甜瓜果实糖酸比高；3 管 4 行能促进甜瓜茎粗和根鲜重的增加，优化根冠比，有利于作物吸收更多的养分，使光合产物更多地向果实分配，从而提高甜瓜产量和水分利用效率。1 管 2 行水分利用效率、甜瓜产量、氮肥偏生产力与 3 管 4 行无显著差异，但甜瓜果实糖酸比、可溶性固形物显著高于 3 管 4 行。灌水下限为 70％田间持水量促进了植株平衡生长，提高了产量。灌水下限为 80％田间持水量的甜瓜产量、氮肥偏生产力与灌水下限为 70％田间持水量无显著差异，水分利用效率显著低于灌水下限为 70％田间持水量，但甜瓜果实糖酸比显著高于灌水下限为 70％田间持水量。

6.4.2　覆膜滴灌供水方式的影响

在相同灌水量条件下（70％田间持水量灌水下限），交替滴灌能显著提高番茄叶片光合效率，促进根系生长，提高根系活力，番茄产量比地表滴灌显著提高 24.60％，水分利用效率显著提高 17.05％，番茄果实有机酸显著降低 43.75％，糖酸比为地表滴灌的 1.97 倍。灌水下限为 60％田间持水量交替滴灌也显著促进番茄植株整体光合利用效率，水分利用效率显著提高 19.54％，番茄产量与灌水下限为 70％田间持水量交替滴灌无显著区别，但番茄果实可溶性糖、可溶性固形物、可溶性蛋白、番茄红素、糖酸比分别是地表滴灌的 2.06 倍、1.26 倍、1.61 倍、1.40 倍、3.20 倍，显著改善了番茄果实品质。因此，灌水下限为 60％或 70％田间持水量交替滴灌是设施番茄栽植可供选择的适宜灌水布设方式。

滴灌毛管埋深 20 cm 地下滴灌显著促进番茄植株整体光合作用，显著增加番茄根面积、根系分叉数、根体积，番茄产量比地表滴灌显著高 22.35％，显著提高了番茄果实可溶性固形物、可溶性蛋白、维生素 C、番茄红素含量及糖酸比，水分利用效率比地表滴灌显著高 35.91％，是设施番茄栽植中较为适宜的灌水布设方式。滴灌毛管埋深 30 cm 地下滴灌番茄产量和水分利用效率与滴灌毛管埋深 20 cm 处理无显著差异，但其番茄果实品质不如滴灌毛管埋深 20 cm 处理，是灌水布设方式的次优选择。

第7章 覆膜滴灌对设施土壤温室气体排放的影响

CO$_2$和N$_2$O是大气中主要的温室气体，参与全球生态系统中碳氮循环重要环节（Davies et al.，2011）。农田生态系统已成为土壤温室气体排放的主要来源，其排放的CO$_2$与N$_2$O分别约占全球人为温室气体排放量的25%和60%（IPCC，2007）。随着社会经济发展，设施农业已成为农业生产的重要组成部分，截至2014年底，我国设施作物种植面积已达355万hm^2（陈慧等，2016），并仍有扩大趋势。设施种植中，耕作、施肥、灌溉等农业管理措施对土壤扰动较大（韩冰等，2004），特别是灌溉和水分管理（Hou et al.，2012）以及设施内的高热环境（Sänger et al.，2011b）是影响土壤温室气体排放的关键因素。

前面章节研究发现，覆膜滴灌能显著改变根区土壤水、热、微生物等环境因子状况（Ahmadi et al.，2014；Wang et al.，2008；Sänger et al.，2011b），这可能影响土壤气体的产生和排放，进而影响大气环境和土壤养分利用。本章以地表滴灌为对照，研究了交替滴灌和地下滴灌对设施番茄土壤CO$_2$、N$_2$O排放的影响（试验设计见第2章），为合理优化设施种植节水措施、减少温室气体排放提供参考。

7.1 交替滴灌对设施土壤温室气体排放的影响

7.1.1 土壤CO$_2$排放

由图7-1可知，番茄开花坐果至果实成熟生育期内，各处理土壤CO$_2$排放通量曲线变化趋势基本一致，但排放峰值个数、时间节点差异显著。CK 有 3 个排放峰值，主峰值在番茄移植后第 90 天，2 个次峰值分别在番茄移植后第 60 天、第 120 天；A50、A70 处理有 2 个排放峰值，主峰值在番茄移植后第 70 天，次峰值在番茄移植后第 120 天；A60 处理有 3 个排放峰值，主峰值在番茄移植后第 70 天，2 个次峰值分别在番茄移植后第 90 天、第 120 天。开花坐果期内，A50、A60、A70 处理土壤 CO_2 累计排放通量分别为 CK 的 1.49 倍、1.42 倍、1.80 倍，A70 处理分别比 A50、A60 处理增加 20.49%、26.42%；果实成熟期内，A50 处理土壤 CO_2 累计排放通量为 CK 的 1.26 倍，A60 处理与 CK 无显著差异，A70 处理比 CK 减少 25.22%；A50、A70 处理的土壤 CO_2 总排放通量无显著差异，分别为 CK 的 1.42 倍、1.47 倍，A60 处理比 CK 增加 27.66%（表 7 - 1）。

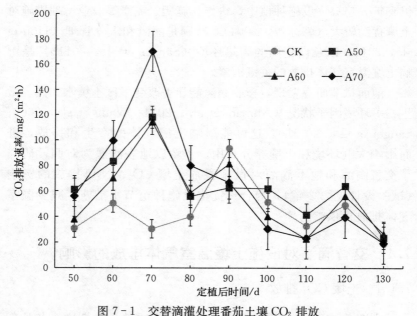

图 7 - 1　交替滴灌处理番茄土壤 CO_2 排放

注：定植后 50～100 d 为番茄开花坐果期，100～130 d 为番茄果实成熟期。下同。

表 7 - 1　交替滴灌土壤 CO_2 累计排放通量（kg/hm^2）

处理	开花坐果期		果实成熟期		总排放通量
	平均每天排放通量	累计排放通量	平均每天排放通量	累计排放通量	
CK	0.51c	25.54c	0.39b	11.73b	37.27c
A50	0.76b	38.12b	0.49a	14.84a	52.97a
A60	0.73b	36.34b	0.37b	11.24b	47.58b
A70	0.92a	45.94a	0.29c	8.77c	54.71a

注：表中不同小写字母表示同一生育时期不同处理间差异达显著（$P < 0.05$）。下同。

7.1.2　土壤 N_2O 排放

由图 7 - 2 可知，番茄开花坐果至果实成熟生育期内，各处理土壤 N_2O 排放通量曲线变化趋势各异，排放峰值个数、时间节点差异显著。CK 有 2 个排放峰值，主峰值在番茄移植后第 90 d，次峰

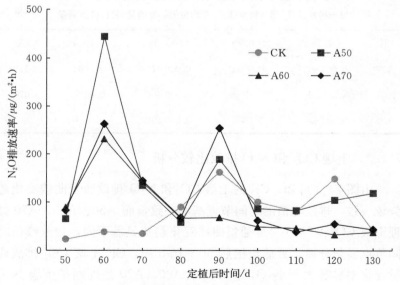

图 7 - 2　交替滴灌处理番茄土壤 N_2O 排放

值在番茄移植后第 120 天；A50、A70 处理有 2 个排放峰值，主峰值在番茄移植后第 60 天，次峰值在番茄移植后第 90 天；A60 处理有 1 个排放峰值，在番茄移植后第 60 天，排放通量呈先增后减趋势。

开花坐果期内，A50、A60、A70 处理土壤 N_2O 累计排放通量无显著差异但都高于 CK，分别为 CK 的 2.31 倍、1.49 倍、2.05 倍；果实成熟期内，CK 和 A50 处理土壤 N_2O 累计排放通量显著高于 A60 和 A70 处理，A60 和 A70 处理分别比 CK 减少 61.29％和 51.61％；A50 处理土壤 NO_2 总排放通量与 A70 处理无显著差异，显著高于 CK 和 A60 处理，分别为 CK 和 A60 处理的 1.72 倍、1.70 倍，A60 处理土壤 N_2O 总排放通量与 A70 处理和 CK 无显著差异（表 7 - 2）。

表 7 - 2　交替滴灌土壤 N_2O 累计排放通量（kg/hm²）

处理	开花坐果期		果实成熟期		总排放通量
	平均每天排放通量	累计排放通量	平均每天排放通量	累计排放通量	
CK	0.000 78b	0.039b	0.001 0a	0.031a	0.069b
A50	0.001 8a	0.090a	0.000 97a	0.029a	0.119a
A60	0.001 2ab	0.058ab	0.000 40b	0.012b	0.070b
A70	0.001 6a	0.080a	0.000 50b	0.015b	0.095ab

7.1.3　土壤 CO_2 和 N_2O 排放比较分析

由图 7 - 3 可知，CK 的土壤 CO_2 和 N_2O 排放通量曲线变化趋势较一致，排放峰值的时间节点基本一致，而 A50、A60、A70 处理土壤 CO_2 和 N_2O 排放通量曲线变化趋势显著不同，排放峰值时间节点显著分离。番茄定植后 50～70 d 内，CK 土壤 CO_2 排放通量变化率显著大于 N_2O，而 A50、A60、A70 处理则是土壤 N_2O 排放通量变化率显著大于 CO_2；番茄定植后 110～130 d 内，CK 土

壤 N_2O 排放通量变化率显著大于 CO_2，而 A50、A60、A70 处理则是土壤 CO_2 排放通量变化率显著大于 N_2O。

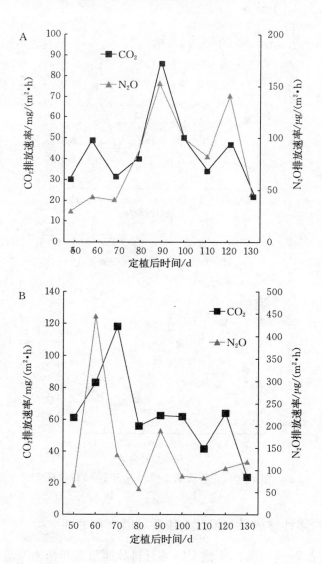

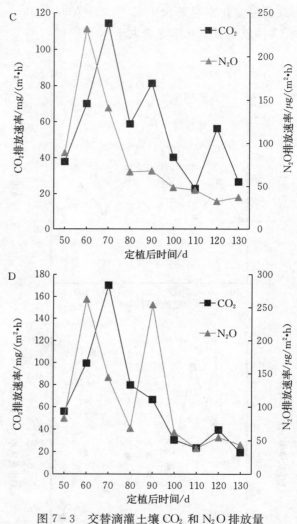

图 7-3　交替滴灌土壤 CO_2 和 N_2O 排放量

A. CK　B. A50　C. A60　D. A70

7.1.4　累计排放量与根区土壤环境因素相关性

由表 7-3 可知，土壤 CO_2 累计排放通量与开花坐果期亚硝化

表 7 - 3　交替滴灌条件下土壤气体排放与根区土壤环境相关性

指标	CO_2累计排放通量	N_2O累计排放通量	细菌DNA序列数	开花坐果期亚硝化细菌	成熟期亚硝化细菌	开花坐果期反硝化菌	成熟期反硝化菌	土壤pH	土壤平均温度	0~10 cm土壤孔隙度	0~20 cm土壤孔隙度	0~30 cm土壤孔隙度	0~40 cm土壤孔隙度	生育期内平均根系活力	根长	根面积
CO_2累计排放通量	1	0.55	0.45	0.98**	-0.92**	0.97**	0.89**	-0.44	0.23	-0.27	0.33	0.62	-0.54	-0.74	0.24	-0.15
N_2O累计排放通量		1	-0.17	0.42	-0.33	0.71	0.62	-0.94**	-0.42	-0.88**	-0.43	-0.78	-0.93**	-1.0**	-0.080	-1.0*
细菌DNA序列数			1	0.66	-0.38	0.29	0.16	0.47	0.99**	0.49	0.86**	0.98**	0.43	0.45	1.0*	0.22
开花坐果期亚硝化细菌				1	-0.95**	0.97**	0.90**	-0.23	0.44	-0.55	0.65	0.14	-0.22	-0.32	0.37	-0.39
成熟期亚硝化细菌					1	-0.88**	-0.96**	0.51	-0.45	0.55	-0.32	-0.36	0.67	0.43	-0.54	0.54
开花坐果期反硝化菌						1	0.87**	-0.71	0.78	-0.56	0.54	0.71	-0.11	-0.71	0.73	-0.69
成熟期反硝化菌							1	-0.25	0.75	-0.85	0.44	0.36	-0.24	-0.005	0.09	-0.06
土壤pH								1	0.35	0.93**	0.77	0.55	1.0**	0.92**	0.43	0.99**

（续）

指标	CO₂累计排放通量	N₂O累计排放通量	细菌DNA序列数	开花坐果期亚硝化细菌	成熟期果期反硝化细菌	土壤pH	土壤平均温度	0~10 cm土壤孔隙度	0~20 cm土壤孔隙度	0~30 cm土壤孔隙度	0~40 cm土壤孔隙度	生育期内平均根系活力	根长	根面积
土壤平均温度							1	0.67	0.94**	0.97**	0.67	0.21	0.93**	0.26
0~10 cm土壤孔隙度								1	0.58	0.68	1.0**	0.92**	0.20	0.99**
0~20 cm土壤孔隙度									1	0.89**	0.49	0.57	0.98**	0.50
0~30 cm土壤孔隙度										1	0.58	0.54	0.88**	0.07
0~40 cm土壤孔隙度											1	1.0**	0.50	1.0**
生育期内平均根系活力												1	0.75	0.93**
根长													1	0.11
根面积														1

细菌、反硝化细菌及成熟期反硝化细菌显著正相关，与土壤其他环境因素呈一定的相关性但不显著；土壤 N_2O 累计排放通量与亚硝化细菌、反硝化细菌的相关性不显著，但与土壤 pH、0～10 cm 土壤孔隙度、0～40 cm 土壤孔隙度显著负相关。土壤环境因素之间也存在一定的显著相关性，番茄平均根系活力、根面积与土壤 pH、0～10 cm 土壤孔隙度、0～40 cm 土壤孔隙度显著正相关；根长与土壤平均温度、0～20 cm 土壤孔隙度、0～30 cm 土壤孔隙度显著正相关。

7.2　地下滴灌对设施土壤温室气体排放的影响

7.2.1　土壤 CO_2 排放

由图 7 - 4 可知，番茄开花坐果至果实成熟生育期内，CK、S10、S20 处理土壤 CO_2 排放通量曲线变化趋势基本一致，有 3 个排放峰值，分别在番茄移植后第 60 天、第 90 天、第 120 天。CK 主峰值在番茄移植后第 90 天，S10 处理的 3 个排放峰值都较大，S20 处理主峰值在番茄移植后第 60 天。CK、S10 处理土壤 CO_2 排放通量曲线趋势走向最接近，但定植后 50～85 d、95～130 d，S10 处理土壤 CO_2 排放通量显著大于 CK；定植后 85～95 d 内 CK 土壤 CO_2 排放通量显著大于 S10 处理。S20、S30 处理土壤 CO_2 排放通量曲线趋势走向接近，番茄开花坐果期内，S20 处理大部分时间节点的土壤 CO_2 排放通量大于 S30 处理；番茄果实成熟期，S30 处理大部分时间节点的土壤 CO_2 排放通量大于 S20 处理。各处理不同生育阶段的土壤 CO_2 累计排放通量和总排放通量显著不同，开花坐果期内，S10、S20、S30 处理土壤 CO_2 累计排放通量分别为 CK 的 1.31 倍、1.63 倍、1.30 倍，S10、S30 处理无显著差异但显著大于 CK，S20 处理显著大于 CK、S10、S30；果实成熟期内，S10 处理土壤 CO_2 累计排放通量显著大于其他处理，比 CK 增加 50.64%，S20、S30 处理无显著差异但显著小于 CK，分别比 CK 减少 32.57%、18.24%。S10、S20 处理土壤 CO_2 总排放通量无显著差异但显著大于 CK，分别为 CK 的 1.37、1.33 倍；S30 处理显著大于 CK，比 CK 增加 14.76%（表 7-4）。

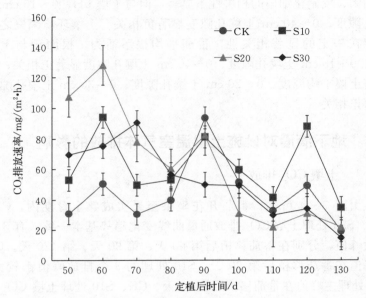

图 7-4　地下滴灌处理温室番茄土壤 CO_2 排放

注：定植后 50~100 d 为番茄开花坐果期，100~130 d 为番茄果实成熟期。下同。

表 7-4　地下滴灌土壤 CO_2 累计排放通量（kg/hm^2）

处理	开花坐果期		果实成熟期		总排放通量
	平均每天排放通量	累计排放通量	平均每天排放通量	累计排放通量	
CK	0.45c	25.54c	0.39b	11.73b	37.27c
S10	0.67b	33.43b	0.59a	17.67a	51.10a
S20	0.84a	41.85a	0.26c	7.91c	49.75a
S30	0.66b	33.18b	0.32c	9.59c	42.77b

注：表中不同小写字母表示同一生育期不同处理间差异达显著（$P<0.05$）。下同。

7.2.2　土壤 N_2O 排放

由图 7-5 可知，番茄开花坐果至果实成熟生育期内，各处理土壤 N_2O 排放通量曲线变化趋势各异，排放峰值个数、时间节点差异显著。CK 土壤 N_2O 排放通量曲线变化相对平缓，有 2 个排放峰值且相互无显著差异，分别在番茄移植后第 90 天、第 120 天；S10、S20 处理土壤 N_2O 排放通量曲线趋势相近，有 3 个排放峰值，主峰值在番茄移植后第 60 天，次峰值在番茄移植后第 90 天、第 120 天。定植后 50～75 d 内，S20 处理土壤 N_2O 排放通量都大于 S10 处理，定植后 75～130 d 内，两者比较接近；S30 处理有 1 个排放峰值，在番茄移植后第 60 天，定植后 70～130 d 内排放通量相对都较低。

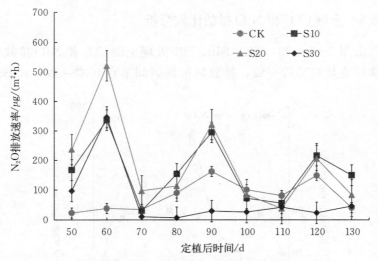

图 7-5　地下滴灌处理番茄土壤 N_2O 排放

开花坐果期内，S10、S20 处理土壤 N_2O 累计排放通量显著高于 CK、S30 处理，分别为 CK 的 2.25、3.00 倍，S30 处理土壤 N_2O 累计排放通量与 CK 无显著差异。果实成熟期内，S10 处理土

壤 N_2O 累计排放通量显著高于 CK，比 CK 增加 48.28%；S20 处理土壤 N_2O 累计排放通量与 CK 无显著差异；S30 处理土壤 N_2O 累计排放通量显著低于 CK，比 CK 减少 65.52%。S10、S20 处理土壤 N_2O 总排放通量显著高于 CK 和 S30 处理，分别是 CK 的 2.03 倍、2.17 倍；S30 处理土壤 N_2O 总排放通量与 CK 无显著差异（表 7-5）。

表 7-5　地下滴灌土壤 N_2O 累计排放通量（kg/hm²）

处理	开花坐果期		果实成熟期		总排放通量
	平均每天排放通量	累计排放通量	平均每天排放通量	累计排放通量	
CK	0.007 4b	0.04b	0.000 97b	0.029b	0.069b
S10	0.001 8a	0.09a	0.001 4a	0.043a	0.14a
S20	0.002 4a	0.12a	0.001 1b	0.033b	0.15a
S30	0.009 2b	0.05b	0.000 33c	0.010c	0.055b

7.2.3　土壤 CO_2 和 N_2O 排放比较分析

由图 7-6 可知，CK、S10、S20 处理土壤 CO_2 和 N_2O 排放通量曲线变化趋势较一致，排放峰值的时间节点基本一致；而 S30

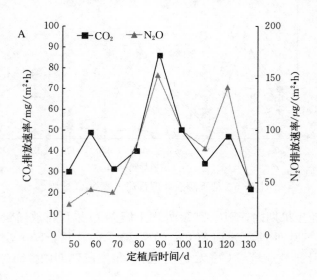

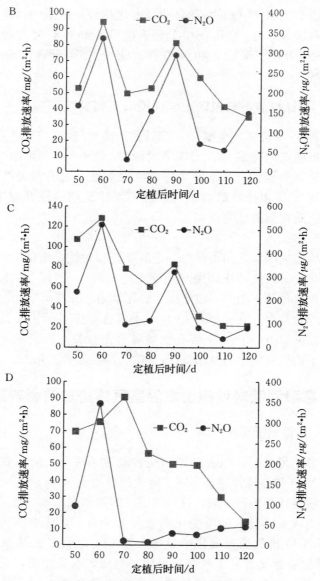

图 7-6　地下滴灌土壤 CO_2 和 N_2O 排放量

A. CK　B. S10　C. S20　D. S30

处理土壤 CO_2 和 N_2O 排放通量曲线变化趋势显著不同，排放峰值时间节点显著分离。CK、S10 处理土壤 CO_2 和 N_2O 排放曲线特征类似，S20 处理土壤 CO_2 和 N_2O 排放曲线、S30 处理土壤 CO_2 排放曲线特征类似。

7.2.4 累计排放量与根区土壤环境因素相关性

由表 7-6 可知，土壤 CO_2 累计排放通量与细菌 DNA 序列数、开花坐果期亚硝化细菌、土壤平均温度、0～10 cm 土壤孔隙度、根长呈显著负相关，与土壤其他环境因素呈一定的相关性但不显著；土壤 N_2O 累计排放通量与成熟期亚硝化细菌及开花坐果期、成熟期反硝化细菌显著正相关，与 0～20 cm、0～40 cm 土壤孔隙度显著正相关。

土壤环境因素之间也存在一定的显著相关性，细菌 DNA 序列数、开花坐果期亚硝化细菌与土壤平均温度、0～10 cm 土壤孔隙度、根长呈显著正相关；成熟期亚硝化细菌，开花坐果期、成熟期反硝化细菌与 0～20 cm、0～40 cm 土壤孔隙度显著正相关；根长与土壤温度、0～10 cm 土壤孔隙度显著正相关，根面积、根系分叉数、平均根系活力与 0～30 cm 土壤孔隙度显著正相关。

7.3 覆膜滴灌对设施土壤温室气体排放的影响机理

7.3.1 交替滴灌

本章结果表明，地表滴灌与交替滴灌条件下，温室番茄土壤 CO_2 和 N_2O 排放规律显著不同。地表滴灌的土壤 CO_2 和 N_2O 排放通量曲线变化趋势较一致，排放峰值的时间节点基本一致，开花坐果前期土壤 CO_2 排放通量变化率显著大于 N_2O，成熟期大部分时间土壤 N_2O 排放通量变化率显著大于 CO_2，果实成熟期的土壤 N_2O 排放通量显著高于开花坐果期。与地表滴灌相比，交替滴灌的土壤 CO_2 和 N_2O 排放通量曲线变化趋势显著不同，排放峰值时间节点显著分离，主排放峰值时间节点前移，开花坐果前期土

表7-6　地下滴灌条件下土壤气体排放与根区土壤环境相关性

指标	CO₂累计排放通量	N₂O累计排放通量	细菌DNA序列数	开花坐果期亚硝化细菌	成熟期亚硝化细菌	开花坐果期反硝化细菌	成熟期反硝化细菌	土壤pH	土壤平均温度	0~10cm土壤孔隙度	0~20cm土壤孔隙度	0~30cm土壤孔隙度	0~40cm土壤孔隙度	生育期内平均根系活力	根长	根面积	根系分叉数
CO₂累计排放通量	1	0.33	-1.0**	-0.91**	0.08	0.73	0.16	-0.007	-1.0**	-0.96**	0.55	-0.47	0.35	-0.12	-0.89**	-0.26	-0.31
N₂O累计排放通量		1	-0.09	-0.77	1.0**	1.0**	1.0*	0.59	-0.55	-0.55	1.0*	0.65	1.0*	0.06	-0.14	0.49	0.51
细菌DNA序列数			1	1.0**	-0.45	-0.64	-0.62	0.51	0.97**	0.89**	-0.44	0.48	-0.39	0.64	0.96**	0.76	0.79
开花坐果期亚硝化细菌				1	-0.17	-0.16	-0.27	0.29	1.0*	0.96**	-0.74	0.54	-0.56	0.59	0.88**	0.41	0.43
成熟期亚硝化细菌					1	1.0**	1.0*	0.31	-0.60	-0.05	1.0*	0.55	1.0*	0.81	-0.81	0.17	0.25
开花坐果期反硝化细菌						1	1.0*	0.09	-0.50	-0.50	1.0*	0.55	1.0*	0.66	-0.680	0.57	0.11
成熟期反硝化细菌							1	0.03	-0.13	-0.53	1.0*	0.75	0.97*	0.35	-0.53	0.59	0.75
土壤pH								1	0.64	0.69	0.81	0.99**	0.29	1.0*	0.50	0.88**	0.95**

（续）

指标	CO$_2$累计排放通量	N$_2$O累计排放通量	细菌DNA序列数	开花坐果期亚硝化细菌	成熟期亚硝化细菌	开花坐果期反硝化细菌	成熟期硝化细菌	土壤pH	土壤平均温度	0~10 cm土壤孔隙度	0~20 cm土壤孔隙度	0~30 cm土壤孔隙度	0~40 cm土壤孔隙度	生育期内平均根系活力	根长	根面积	根系分叉数
土壤平均温度									1	0.93**	-0.51	0.32	-0.63	0.75	1.0**	0.44	0.66
0~10 cm土壤孔隙度										1	-0.51	0.73	-0.26	0.29	1.0**	0.07	0.19
0~20 cm土壤孔隙度											1	0.35	0.89**	0.47	-0.7	0.64	0.57
0~30 cm土壤孔隙度												1	0.6	1.0**	0.61	1.0**	1.0**
0~40 cm土壤孔隙度													1	0.76	-0.37	0.24	0.44
生育期内平均根系活力														1	0.55	1.0**	1.0**
根长															1	0.63	0.44
根面积																1	0.98**
根系分叉数																	1

壤 N_2O 排放通量变化率显著大于 CO_2，成熟期大部分时间土壤 CO_2 排放通量变化率显著大于 N_2O，两种气体的排放主要集中在开花坐果期。交替滴灌的土壤 CO_2 总排放通量显著高于地表滴灌，相同灌水下限条件下，土壤 N_2O 总排放通量显著高于地表滴灌。

水分是温室气体排放的关键驱动因子，灌溉是土壤水分管理的重要措施，其方式改变必会对土壤温室气体排放产生重要影响（Hou et al.，2012；Liu et al.，2012；Padgett－Johnson et al.，2003）。交替滴灌条件下，土壤干湿交替频繁（Sanchez－Martin et al.，2008），强化了土壤水分、养分、温度等环境因素的时空分布异质性，影响土壤微生物生长代谢和作物根系生长及对土壤养分的吸收利用，进而影响土壤温室气体排放。

研究发现，土壤干湿交替频率增加，有利于增强土壤营养物质矿化、提高微生物活性，增加土壤 CO_2 排放通量（Borken et al.，2009；Li et al.，2011）；干湿交替频率增加也会造成土壤微生物群落更替加快，使土壤有效碳、氮增加，促进土壤硝化和反硝化作用，进而增强土壤 N_2O 排放（梁东丽等，2002）。本书试验也发现，土壤干湿交替相对频繁的交替滴灌，其土壤 CO_2 总排放通量显著高于地表滴灌，相同灌水下限条件下，土壤 N_2O 总排放通量显著高于地表滴灌。交替滴灌灌水下限不同，土壤气体排放通量差异显著，不同灌水下限会造成土壤湿润区域、土壤干湿交替的频率及土壤温度、酸碱度、土壤孔隙度等环境因素的不同（Buy-anovsky et al.，1986；孟磊等，2008；Sanchez－Martin et al.，2008；张丽华等，2008），进一步强化土壤微环境水分、养分及作物根系生长异质性差异，影响土壤气体排放。本书试验发现，交替滴灌土壤 CO_2 累计排通放通量与开花坐果期亚硝化细菌、反硝化细菌及成熟期反硝化细菌显著正相关。试验测定的指标表明灌水下限为 50% 和 70% 田间持水量交替滴灌的根区土壤开花坐果期亚硝化细菌、反硝化细菌及成熟期反硝化细菌数量显著大于 60% 田间持水量交替滴灌（表 7-7），其土壤 CO_2 累计排放通量分别比 60％田间持水量交替滴灌增加了 11.32％、14.98％。亚硝化细菌、反硝化细菌数量的增加，增强了土壤氮素代谢，其生化作用需要消耗更多的能量，也加大了土壤碳的消耗（Xiang et al.，2008），因此增加土壤 CO_2 的排放。随灌水量的增加，交替滴灌土壤干湿交替频率依次减少，但灌水下限为 70％田间持水量交替滴灌却显著促进了氮代谢细菌生长和土壤 CO_2 排放，原因可能是其土壤含水率增加促进了根系生长，改善了土壤孔隙度，这都有利于微生物活性增强和土壤气体的排放（Kuzyakov et al.，2002a；2013b）。

表 7 - 7　土壤亚硝化细菌和反硝化细菌

处理	开花坐果期		果实成熟期	
	亚硝化细菌/ 10^5 CFU/g	反硝化细菌/ 10^8 CFU/g	亚硝化细菌/ 10^4 CFU/g	反硝化细菌/ 10^9 CFU/g
CK	7.5a	2.5b	4.5c	20a
A50	3.5b	1.5c	20b	7.5b
A60	1.1c	0.03d	110a	0.45c
A70	4.5b	45a	4.5c	9.5b

土壤 N_2O 累计排放通量与土壤 pH、0～10 cm 土壤孔隙度、0～40 cm 土壤孔隙度显著负相关。试验测定的指标表明，灌水下限为 50％、70％田间持水量交替滴灌 0～10 cm 土壤孔隙度、0～40 cm 土壤孔隙度显著低于 60％田间持水量交替滴灌，但其土壤 N_2O 累计排放通量比 60％田间持水量交替滴灌增加了 70.88％、35.74％。灌水下限为 50％田间持水量交替滴灌的土壤干湿交替频率大，会对土壤团聚体的结构造成影响甚至破坏，孔隙度降低，厌氧因素增加，提高难以活化养分的活性（Troy et al.，2013），有利于反硝化作用的进行（Guo et al.，2014），因此土壤 N_2O 排放增大。灌水下限为 70％田间持水量时，土壤干湿交替的频率相对降低，但土壤含水率最大，土壤团聚体的破坏程度低，有利于反硝化细菌及

相关有机质腐化菌的生长（Mocali et al.，2013；Soane et al.，2013），也促进了土壤 N_2O 排放。试验还发现，相对缺水（灌水下限为 50％田间持水量）和水分充足（灌水下限为 70％田间持水量）都促进了番茄根系生长，进而可能增加根系分泌物，增强土壤微生物活性，促进土壤养分循环，增加土壤气体排放。

灌水下限为 60％田间持水量时，土壤干湿交替频率低于 50％田间持水量交替滴灌，土壤含水率低于 70％田间持水量交替滴灌，测定的亚硝化和反硝化细菌数量低于 50％和 70％田间持水量交替滴灌，根系生长也介于两者之间，其土壤 CO_2 累计排放通量显著低于 50％和 70％田间持水量交替滴灌，土壤 N_2O 累计排放通量比 50％和 70％田间持水量交替滴灌分别减少了 70.88％和 35.74％。

7.3.2　地下滴灌

本章结果表明，各处理土壤气体排放趋势具有显著差异。地表滴灌与滴灌毛管埋深 10 cm 和 20 cm 地下滴灌的土壤 CO_2 和 N_2O 排放通量曲线变化趋势一致，排放峰值的时间节点基本一致；而滴灌毛管埋深 30 cm 地下滴灌土壤 CO_2 和 N_2O 排放通量曲线变化趋势显著不同，排放峰值时间节点显著分离。与地表滴灌相比，地下滴灌的土壤 N_2O 排放通量曲线主峰值前移，开花坐果期日均排放值大于成熟期；地表滴灌土壤 N_2O 排放通量日均排放则是成熟期大于开花坐果期。滴灌毛管埋深 10 cm 和 20 cm 地下滴灌的土壤 CO_2、N_2O 总排放通量显著大于地表滴灌，土壤 CO_2 总排放通量分别为地表滴灌的 1.37 倍、1.33 倍，土壤 N_2O 总排放通量分别为地表滴灌的 1.99 倍、2.24 倍；滴灌毛管埋深 30 cm 地下滴灌土壤 CO_2 总排放通量比地表滴灌显著增加 14.76％，土壤 N_2O 总排放通量与地表滴灌无显著差异。

研究表明，在一定的土壤基质条件下，地下滴灌土壤水分运移和分布显著不同于地表滴灌，影响根际土壤微环境（Machadoet al.，2003），进而影响土壤微生物、根系生长（Zotarelli et al.，2009）、土壤养分的循环利用（Thompson et al.，2000；Zotarelli et al.，2008），必然影响土壤气体的产生和排放。本书试验发现，地下滴灌的 $0\sim10$ cm 土壤孔隙度显著大于地表滴灌，土壤孔隙度的增加有利于土壤与大气进行气体交换（Del et al.，2000），促进土壤气体排放（Ameloot et al.，2013；Schaufler et al.，2010）；地下滴灌的番茄根系分叉数也显著大于地表滴灌，随灌水量的增加，根长、根面积也显著大于地表滴灌，根系生长的显著优势不仅增强了根系呼吸强度，也有利于进一步活化土壤微生物、养分（Dakora et al.，2002；Haling et al.，2013；Shen et al.，2013）。试验测定发现，与地表滴灌相比，地下滴灌能显著提高反硝化菌数量（表 7-8），这将促进土壤 N_2O 排放（Davidson et al.，2000；Wrage et al.，2001）。

表 7-8　土壤亚硝化细菌和反硝化细菌

处理	开花坐果期		果实成熟期	
	亚硝化细菌/ 10^5 CFU/g	反硝化细菌/ 10^8 CFU/g	亚硝化细菌/ 10^4 CFU/g	反硝化细菌/ 10^9 CFU/g
CK	7.5b	2.5d	4.5c	2c
S10	0.35c	9.5b	9.5b	7.5b
S20	0.45c	15a	25a	250a
S30	15a	4.5c	4.5c	2c

地下滴灌系统中，不同毛管埋深会造成土壤水分均匀度、湿润区域、稳定性的不同（Patel et al.，2007a；2008b），这提高作物根区土壤微域环境的异质性差异（Dukes et al.，2005；Oron et al.，2002）和根系生长的差异（Lv et al.，2010），进而对土壤气体排放产生影响。相关性分析发现，土壤 CO_2 累计排放通量与细菌 DNA 序列数、开花坐果期亚硝化细菌、土壤平均温度、$0\sim10$ cm 土壤孔隙度、根长显著负相关。随滴灌毛管埋深增加，$0\sim10$ cm 土壤孔隙度、番茄根长提高，但土壤 CO_2 累计排放通量却减少，可能的原因是滴灌毛管埋深增加，土壤湿润区下移，土壤呼吸产生的 CO_2 气体向上迁移受阻；另外，土壤孔隙度的改善，根系生长分

泌物增多，土壤代谢活动增强，有利于作物吸收利用土壤养分，促进了根系对土壤 CO_2 的吸收利用（Raven et al.，1988），也能减少其排放。

相关性分析发现，土壤 N_2O 累计排放通量与成熟期亚硝化细菌及开花坐果期、成熟期反硝化细菌显著正相关，与 $0\sim20$ cm、$0\sim40$ cm 土壤孔隙度显著正相关。试验测定指标发现，随滴灌毛管埋深增加，成熟期亚硝化细菌及开花坐果期、成熟期反硝化细菌数量，$0\sim20$ cm、$0\sim40$ cm 土壤孔隙度都先增后减，在埋深 20 cm 时达最大值，亚硝化、反硝化细菌数量的增多，可能产生更多的 N_2O（Firestone et al.，1989；Wrage et al.，2001），而土壤孔隙度的增加则有利于气体迁移和排放（Rochette et al.，2008）。试验测定还发现，滴灌毛管埋深 20 cm 时，番茄根系分叉数最多，开花坐果期脲酶、磷酸酶活性高，这将有利于增强土壤养分活化和利用（Olander et al.，2000；Pascual et al.，2002；Varel，1997），代谢过程中可能产生较多的 N_2O，因此土壤 N_2O 排放大。滴灌毛管埋深 10 cm 时，亚硝化、反硝化细菌数量，$0\sim20$ cm、$0\sim40$ cm 土壤孔隙度，根系生长指标等都显著低于滴灌毛管埋深 20 cm，但开花坐果期脲酶、磷酸酶活性，土壤有效氮磷等指标与滴灌毛管埋深 20 cm 处理相当或略低，加上其埋深较浅，因此土壤 N_2O 排放通量与滴灌毛管埋深 20 cm 处理无显著差异。滴灌毛管埋深 30 cm 时，根系生长各指标仅次于滴灌毛管埋深 20 cm 处理，但亚硝化、反硝化细菌数量，$0\sim20$ cm、$0\sim40$ cm 土壤孔隙度等显著降低，其土壤 N_2O 排放通量也最少。由于碳氮代谢具有紧密的联系和相关性（Foyer et al.，1994，2001），不同滴灌毛管埋深对土壤 CO_2 排放通量的影响，也呈现与土壤 N_2O 排放的类似规律。

7.4　本章小结

7.4.1　交替滴灌的影响

与地表滴灌相比，交替滴灌显著促进了土壤 CO_2 和 N_2O 累计排放。不同灌水下限的交替滴灌，土壤 CO_2 和 N_2O 排放显著不同，灌水下限为 50％和 70％田间持水量交替滴灌土壤 CO_2 累计排放通量分别比 60％田间持水量交替滴灌增加了 11.32％、14.98％；土壤 N_2O 累计排放通量比 60％田间持水量交替滴灌增加了 70.88％、35.74％。

7.4.2　地下滴灌的影响

与地表滴灌相比，地下滴灌显著促进了土壤 CO_2、N_2O 排放。滴灌毛管埋深 10 cm 时，土壤 CO_2、N_2O 总排放通量分别是地表滴灌的 1.37 倍、1.99 倍；滴灌毛管埋深 20 cm 时，土壤 CO_2、N_2O 总排放通量分别是地表滴灌的 1.33 倍、2.24 倍；滴灌毛管埋深 30 cm 时，土壤 CO_2 总排放通量比地表滴灌显著增加 14.76％，土壤 N_2O 总排放通量与其无显著差异。

第 8 章　结论与展望

8.1　主要结论

本书以设施甜瓜和番茄根区"土壤—根系—微生物及酶"为对象，通过设施种植覆膜滴灌布设措施（覆膜方式、滴灌毛管密度、灌水下限）和滴灌供水方式（地表滴灌、地下滴灌、交替滴灌）等农艺措施调节根区土壤水、热环境，研究了根区土壤水、热环境变化对根区土壤微生物、土壤酶、作物根系以及三者交互作用的影响，分析了土壤氮、磷等养分活化和吸收、作物生长、光合产物分配、产量和品质、土壤温室气体排放对根区"土壤—根系—微生物及酶"动态变化的响应，探讨了设施种植中覆膜滴灌影响作物产量和品质的土壤内在机理，为设施种植中合理配置覆膜滴灌措施、调节土壤环境提供参考。主要取得以下结论：

8.1.1　半膜覆盖可以提高土壤养分利用

覆膜方式、灌水下限、滴灌毛管密度 3 因素交互作用表明，土壤脲酶和磷酸酶与根系活力显著正相关，脲酶与细菌极显著正相关，磷酸酶与放线菌极显著正相关。无膜覆盖促进土壤细菌生长，抑制放线菌生长。全膜覆盖促进部分生育阶段细菌生长，抑制放线菌生长。半膜覆盖显著促进作物全生育期细菌、放线菌增长，保持较高根系活力，增强"根系—微生物"交互作用，显著提高土壤酶活性，促进作物生长，其地上植株鲜重和干重与全膜覆盖无显著差异，但分别比无膜显著高 12.45％和 7.57％，根鲜重分别比无膜和全膜覆盖高 22.77％和 10.83％，根冠比分别比无膜和全膜覆盖高 14.36％和 16.92％。半膜覆盖有利于光合产物向果实分配，植株重比分别比无膜和全膜覆盖高 11.03％和 8.34％，果实重比分别比无膜和全膜覆盖高 4.79％和 3.31％，氮肥偏生产力分别比无膜和全膜覆盖高 22.64％和 7.40％，甜瓜产量分别比无膜和全膜覆盖高 29.26％和 7.99％。

8.1.2 灌水下限显著影响光合产物分配

60％田间持水量灌水下限促进土壤细菌和放线菌生长，显著提高果实膨大期、成熟期土壤脲酶活性和开花坐果期土壤磷酸酶活性，同时促进了根系生长，成熟期根长分别是 70％和 80％田间持水量灌水下限的 1.80 倍和 3.75 倍，成熟期根面积分别是 70％和 80％田间持水量灌水下限的 1.20 倍和 2.00 倍。但一定的干旱胁迫使光合产物更有利于向根系和植株分配，60％田间持水量灌水下限根重比分别比 70％和 80％田间持水量灌水下限显著增加 13.74％和 9.5％，植株重比比 70％田间持水量灌水下限增加 13.92％，果实重比比 70％田间持水量灌水下限减少 5.18％，氮肥偏生产力分别比 70％和 80％田间持水量灌水下限降低 18.42％和 16.45％。

80％田间持水量灌水下限显著提高全生育期土壤脲酶活性和开花坐果期土壤磷酸酶活性，一定程度上限制根长和根面积，但显著提高果实膨大期根系活力，分别为 60％和 70％田间持水量灌水下限的 4.45 倍和 4.89 倍。较高的土壤含水率使光合产物更多向植株分配，80％田间持水量灌水下限植株重比比 70％田间持水量灌水下限显著增加 13.12％。

相比于 60％和 80％田间持水量灌水下限，70％田间持水量灌水下限未显著促进土壤微生物及酶活性，根长和根面积仅次于60％田间持水量灌水下限，成熟期根体积分别比 80％和 60％田间持水量灌水下限高 6.64％和 33.26％，果实膨大期根系活力与60％田间持水量灌水下限无显著差异。适中的土壤含水率，显著增强了"根系—土壤"交互作用，促进土壤养分活化利用，土壤全氮和有机质消耗比 80％田间持水量灌水下限显著增加 151.80％和 9.70％，氮肥偏生产力与 80％田间持水量灌水下限无显著差异，使光合产物更多分配到果实，果实重比比 80％田间持水量灌水下限显著增加 4.96％，甜瓜产量分别比 60％和 80％田间持水量灌水下限显著高 22.58％和 2.42％。

8.1.3 毛管密度过大限制产量提升

3 管 4 行毛管布设显著提高了甜瓜生育期土壤脲酶活性，成熟期根面积分别比 1 管 1 行和 1 管 2 行高 5.74％和 6.42％，根体积分别比 1 管 1 行和 1 管 2 行高 49.96％和 64.79％，根冠比分别比 1 管 1 行和 1 管 2 行高 17.75％和 48.72％，促进了光合产物向果实分配，果实重比比 1 管 1 行显著增加 14.20％，甜瓜产量分别比 1 管 1 行和 1 管 2 行高 3.37％和 8.56％。1 管 2 行毛管布设能显著提高根区 0～25 cm 土壤温度，土壤 pH 波动小，成熟期根长分别比 1 管 1 行和 3 管 4 行高 7.43％和 24.92％，开花坐果期土壤脲酶活性比 3 管 4 行高 17.14％，果实膨大期和成熟期土壤磷酸酶活性比 3 管 4 行分别高 31.99％和 15.06％，增强了养分吸收关键生育阶段的根系与土壤、土壤微生物的交互作用，根冠比仅次于 3 管 4 行，也促进了光合产物向果实分配，果实重比比 1 管 1 行显著增加 12.29％，甜瓜产量和氮肥偏生产力与 3 管 4 行无显著差异。1 管 1 行的根面积和根体积显著低于 3 管 4 行，根系活力劣于 1 管 2 行，甜瓜产量和氮肥偏生产力最低。

8.1.4 交替滴灌优化土壤细菌群落结构、促进土壤养分吸收

交替滴灌的土壤干湿交替显著提高了根长、根面积、根系分叉数和根系活力，50％田间持水量灌水下限交替滴灌的根长、根面积和根系分叉数分别为地表滴灌的 1.70 倍、1.45 倍和 2.26 倍，根系活力显著提高 29.44％；60％田间持水量灌水下限的根长、根面积和根系分叉数分别为地表滴灌的 1.41 倍、1.33 倍和 2.26 倍，根系活力显著提高 45.81％；70％田间持水量灌水下限根长、根面积和根系分叉数分别为地表滴灌的 1.27 倍、1.29 倍和 2.86 倍，根系活力显著提高 48.60％。根系活力、根系分叉数的提高显著增

加了氮磷代谢等相关细菌丰度，优化了土壤细菌群落，促进土壤氮磷等养分活化和吸收，50％、60％、70％田间持水量灌水下限交替滴灌的土壤速效氮分别是地表滴灌的 1.48 倍、2.19 倍、1.91 倍，土壤有效磷分别是地表滴灌的 1.49 倍、1.65 倍、2.91 倍，番茄根系全氮含量分别是地表滴灌的 99.29％、1.07 倍、1.14 倍，根系全磷含量分别是地表滴灌的 1.06 倍、1.94 倍、1.59 倍，茎中全氮含量分别是地表滴灌的 87.15％、1.21 倍、1.12 倍，茎中全磷含量分别是地表滴灌的 1.03 倍、1.75 倍、2.84 倍，番茄单株产量分别比地表滴灌高 2.64％、12.77％、24.23％。灌水下限同为 70％田间持水量时，交替滴灌比地表滴灌更有利于光合产物向果实分配，单位面积番茄产量显著提高 24.6％。60％田间持水量灌水下限交替滴灌番茄产量与灌水下限为 70％田间持水量无显著区别。

8.1.5　地下滴灌提高土壤氮磷代谢、干物质累积和产量

　　地下滴灌毛管埋深差异造成土壤出水位置不同，形成毛管垂直方向土壤水分分布差异，不同程度增加了土壤孔隙度，毛管埋深 20 cm 的 0～40 cm 土壤孔隙度显著增加，毛管埋深 30 cm 的 0～10 cm 土壤孔隙度显著增加。土壤结构的改善，促进了作物根系生长。毛管埋深 20 cm 的根长、根面积比地表滴灌显著高 43.21％、20.82％，根系分叉数为地表滴灌的 2.76 倍；毛管埋深 30 cm 的根长比地表滴灌显著高 46.10％，根系分叉数为地表滴灌的 2.22 倍。根系活力、根系分叉数的提高和土壤孔隙度的改善，显著改变了土壤细菌群落结构，提高氮磷代谢细菌相对丰度和土壤氮磷活化，毛管埋深 20 cm、30 cm 的土壤速效氮分别是地表滴灌的 2.28 倍、1.54 倍，土壤有效磷分别是地表滴灌的 1.49 倍、1.38 倍。土壤养分活性和根系生长提高，进一步促进养分吸收，毛管埋深 20 cm、30 cm 的番茄根系全氮含量分别是地表滴灌的 1.18 倍、1.19 倍，根系全磷含量分别是地表滴灌的 1.47 倍、1.20 倍，茎中全氮含量分别是地表滴灌的 1.11 倍、1.03 倍，茎中全磷含量分别是地表滴灌的 1.66 倍、1.07 倍。土壤养分吸收的增加最终影响植株干物质

累积、光合产物分配和产量，毛管埋深 20 cm 的茎干重、番茄产量比地表滴灌显著高 11.13％、22.35％，毛管埋深30 cm番茄干物质重、茎干重、叶干重和番茄产量分别比地表滴灌显著高 50.73％、92.67％、57.54％和 19.53％。

8.1.6　适宜覆膜滴灌提高水分利用效率和改善果实品质

选择适宜的覆膜滴灌布设措施和供水方式能提高水分利用效率和改善果实品质，全膜和半膜覆盖水分利用效率分别比无膜高57.21％和56.41％，3 管 4 行分别比 1 管 1 行和 1 管 2 行高 3.54％和 0.80％；半膜覆盖甜瓜糖酸比分别为全膜和无膜覆盖的 1.72 倍和 1.74 倍，80％田间持水量灌水下限糖酸比分别为 60％和 70％田间持水量灌水下限的 1.61 倍和 2.08 倍，1 管 2 行的可溶性固形物含量分别比 1 管 1 行和 3 管 4 行高 3.93％和 25.94％，糖酸比分别为 1 管 1 行和 3 管 4 行的 1.57 倍和 1.50 倍。

在相同灌水下限条件下（70％田间持水量），交替滴灌水分利用效率比地表滴灌显著提高 17.05％，且促进了番茄氮磷吸收，番茄果实氮、磷含量比地表滴灌增加 27.48％和43.4％，有机酸显著降低 43.75％，糖酸比为其 1.97 倍。60％田间持水量灌水下限交替滴灌水分利用效率比地表滴灌显著提高 19.54％，番茄果实氮、磷含量比地表滴灌增加 30.63％和 38.54％，可溶性糖、可溶性固形物、可溶性蛋白、番茄红素、糖酸比分别是地表滴灌的 2.06 倍、1.26 倍、1.61 倍、1.40 倍、3.20 倍，显著改善了番茄果实品质。

滴灌毛管埋深 20 cm 水分利用效率比地表滴灌显著高 35.91％，番茄果实氮、磷含量比地表滴灌显著增加 7.66％和 4.45％，果实可溶性固形物、可溶性蛋白、维生素 C、番茄红素含量和糖酸比比地表滴灌分别提高 10.86％、32.34％、35.66％、33.97％和 53.01％；毛管埋深 30 cm 水分利用效率与埋深 20 cm 处理无显著差异，番茄果实有机碳含量比地表滴灌显著增加 10.24％，可溶性糖、糖酸比比地表滴灌显著高 26.54％、44.4％，番茄红素显著低 34.02％，番茄果实品质整体不如滴灌毛管埋深 20 cm。

综合考虑土壤水分利用效率、土壤养分有效性、作物植株生长、果实产量及品质等因素，设施种植覆膜滴灌设置中，半膜覆盖、1管2行毛管密度布设为适宜的布设方式。滴灌供水方式为地表滴灌时，灌水下限采用苗期70％田间持水量、其他生育阶段80％田间持水量。滴灌供水方式为交替滴灌时，灌水下限为60％田间持水量促进根系生长，显著增加干物质积累、提高产量、改善果实品质，是可供选择的适宜灌水下限。毛管埋深20 cm、灌水下限60％田间持水量地下滴灌可以提高产量、改善品质，显著提高水分利用效率，也值得推荐。

8.2 主要创新

（1）通过覆膜方式、灌水下限、滴灌毛管密度布设的交互作用，调控根区土壤环境，可以促进根系生长、提高土壤脲酶和磷酸酶活性，优化光合产物分配，提高产量。半膜覆盖果实重比分别比无膜和全膜覆盖提高4.79％和3.31％，甜瓜产量分别提高29.26％和7.99％；70％田间持水量灌水下限果实重比80％田间持水量灌水下限显著增加4.96％，甜瓜产量分别比60％和80％田间持水量灌水下限显著提高22.58％和2.42％；3管4行果实重比1管1行显著增加14.20％，甜瓜产量显著增加8.56％。

（2）从"土壤—根系—微生物及酶"的角度，初步揭示了交替滴灌促进作物生长的土壤内在机制。交替滴灌土壤相对频繁的干湿交替刺激作物根系生长，优化土壤细菌群落结构，提高氮磷代谢细菌相对丰度，促进了土壤氮磷的活化和吸收。相同灌水下限条件下，交替滴灌根系活力比地表滴灌显著提高48.60％，土壤速效氮、有效磷分别是地表滴灌的1.91倍和2.91倍，番茄根系全氮、全磷含量分别是地表滴灌的1.14倍、1.59倍，番茄产量显著提高24.6％。

（3）通过毛管埋深不同的地下滴灌，可以影响根系生长，改善根区土壤孔隙度和细菌群落结构，增强土壤氮磷代谢，促进养分吸收利用，提高干物质积累和产量。毛管埋深 20 cm 的 0～40 cm 土壤孔隙度显著增加，根长、根面积比地表滴灌显著高 43.21%、20.82%，根系分叉数为地表滴灌的 2.76 倍，土壤速效氮和有效磷分别是地表滴灌的 2.28 倍和 1.49 倍，番茄茎干重和产量比地表滴灌显著高 11.13%、22.35%。

（4）初步探明了覆膜滴灌对土壤 CO_2 和 N_2O 产生及排放的影响机制。灌水频率高造成的土壤干湿交替及较高的土壤含水率，都易促进土壤 N_2O 代谢菌的生长，增强土壤碳氮代谢相互作用，提高土壤 CO_2 和 N_2O 排放。50%田间持水量灌水下限交替滴灌土壤干湿交替频繁，土壤 CO_2 和 N_2O 总排放通量分别为地表滴灌的 1.42 倍和 1.73 倍，毛管埋深 10 cm 的地下滴灌土壤含水率高，其土壤 CO_2 和 N_2O 总排放通量分别为地表滴灌的 1.33 倍和 2.24 倍。

8.3 研究展望

（1）根区土壤环境是作物生长的基础，土壤微生物是土壤养分循环的根本动力，而土壤微生物种类繁多，本研究重点关注了土壤细菌、放线菌、真菌三大类微生物数量变化及土壤细菌群落，有关覆膜滴灌对土壤真菌群落的影响，以及土壤细菌和土壤真菌群落的相互作用还有待进一步深入研究。

（2）本研究没有对覆膜滴灌条件下，土壤细菌群落中各重要代谢功能菌随作物生育时期的动态变化进行研究，有待进一步加强。

（3）本研究选取设施种植中两种常见作物（甜瓜和番茄）为研究对象，研究结果对于其他作物的适用性，有待进一步验证。

（4）土壤温室气体的排放与土壤水分管理、土壤养分循环、土壤微生物群落变化密切相关，它们之间的交互作用还有待进一步深入研究。

参 考 文 献

蔡焕杰，邵光成，张振华，2002. 膜下滴灌毛管布置方式的试验研究. 农业工程学报，18（1）：45-49.

曹莉，秦舒浩，张俊莲，等，2012. 沟覆膜栽培方式对马铃薯土壤酶活性及土壤微生物数量的影响. 甘肃农业大学学报，47（3）：42-46.

陈波浪，吴海华，曹公利，等，2013. 同肥力水平下立架栽培甜瓜干物累积和氮、磷、钾养分吸收特性. 植物营养与肥料学报，19（1）：142-149.

陈慧，侯会静，蔡焕杰，等，2016. 加气灌溉对番茄地土壤 CO_2 排放的调控效应. 中国农业科学，132：69-76.

陈新明，刘立库，2013. 同灌溉方式下番茄根系层土壤温度分布特征. 水资源与水工程学报，24（5）：101-105.

董彦红，赵志成，张旭，等，2016. 分根交替滴灌对管栽黄瓜光合作用及水分利用效率的影响. 植物营养与肥料学报，22（1）：269-276.

范凤翠，张立峰，李志宏，等，2010. 日光温室番茄控制土壤深层渗漏的灌水量指标. 农业工程学报，26（10）：83-89.

冯烨，郭峰，李宝龙，等，2013. 粒精播对花生根系生长、根冠比和产量的影响. 作物学报，39（12）：2228-2237.

高玉红，牛俊义，徐锐，2012. 覆膜方式对玉米叶片光合、蒸腾及水分利用效率的影响. 草业学报，21（5）：178-164.

高翔，龚道枝，顾峰雪，等，2014. 抑制土壤呼吸提高旱作春玉米产量. 农业工程学报，30（6）：62-70.

关松荫，张德生，张志明，1986. 土壤酶及其研究法. 北京：农业出版社.

龚雪文，刘浩，孙景生，等，2014. 不同水分下限对温室膜下滴灌甜瓜开花坐果期地温的影响. 应用生态学报，25（10）：2935-2943.

郭丹钊，黄为一，胡华伟，2007. 分胁迫条件下细菌多糖对玉米幼苗抗旱性的影响. 安徽农业科学，35（5）：1277-1278.

郭庆，牛文全，张振华，2012. 气与水分再分布对地下滴灌湿润体导气率的影响. 节水灌溉（3）：1-5.

韩冰，王效科，欧阳志云，等，2004. 中国东北地区农田生态系统中碳库的分布格局及其变化. 土壤通报，35（4）：401-407.

韩建刚，白红英，曲东，2002. 膜覆盖对土壤中 N_2O 排放通量的影响. 中国环境科学，22（3）：95-97.

和文祥，朱铭莪，张一平，等，2002. pH 对汞镉与土壤脲酶活性关系的影响. 西北农林科技大学学报，30（3）：66-70.

胡晓棠，李明思，2003. 膜下滴灌对棉花根际土壤环境的影响研究. 中国生态农业学报，11（3）：121-123.

胡正华，杨艳萍，陈书涛，等，2010. UV-B 增强与秸秆施用对土壤-冬小麦系统 CO_2 排放影响. 中国环境科学，30（8）：1130-1134.

姜国军，王振华，郑旭荣，2014. 北疆滴灌复种大豆田土壤温度分布特征. 西北农业学报，23（4）：45-51.

李伏生，韦翔华，等，2012. 分根区交替灌溉对玉米水分利用和土壤微生物量碳的影响. 农业工程学报，28（8）：71-77.

李国师，谢士估，1995. 日光温室地温变化规律与调控. 安徽农业科学，23（4）：369-370.

李华，贺洪军，李腾飞，等，2014. 不同地下滴灌制度下黄瓜根际微生物活性及功能多样性. 应用生态学报，25（8）：2349-2354.

李潮海，李胜利，王群，等，2005. 下层土壤容重对玉米根系生长及吸收活力的影响. 中国农业科学，38（8）：1706-1711.

李娇，蒋先敏，尹华军，等，2014. 不同林龄云杉人工林的根系分泌物与土壤微生物. 应用生态学报，25（2）：325-332.

李磊，李向义，林丽莎，等，2011. 两种生境条件下 6 种牧草叶绿素含量及荧光参数的比较. 植物生态学报，35（6）：672-680.

李旺霞，陈彦云，陈科元，等，2015. 不同覆膜栽培对马铃薯土壤酶活性和土壤微生物的影响. 西南农业学报，28（5）：2154-2157.

李毅杰，原保忠，别之龙，等，2013. 不同土壤水分下限对大棚滴灌甜瓜产量和品质影响. 农业工程学报，28（5）：132-138.

李志国，张润花，赖冬梅，等，2012. 膜下滴灌对新疆棉生态系统净初级生产力、生态学报、土壤异氧呼吸和 CO_2 净交换通量的影响. 应用生态学报，23（4）：1018-1024.

李志洪，王淑华，高强，等，2004. Zn 和 ABT 对玉米根系生长及根际磷酸酶活性和 pH 的影响. 植物营养与肥料学报，10（2）：156-160.

梁东丽，同延安，Ove E，等，2002. 灌溉和降水对旱地土壤 N_2O 气态损失的影响. 植物营养与肥料学报, 8 (3): 298-302.

林先贵, 2010. 土壤微生物研究原理与方法. 北京: 高等教育出版社.

刘方春, 邢尚军, 马海林, 等, 2014. 持续干旱对樱桃根际土壤细菌数量及结构多样性影响. 生态学报, 34 (3): 642-649.

刘国华, 叶正芳, 吴为中, 2012. 土壤微生物群落多样性解析法: 从培养到非培养. 生态学报, 32 (14): 4421-4433.

刘建新, 2004. 不同农田土壤酶活性与土壤养分相关关系研究. 土壤通报, 35 (4): 523-525.

刘梅先, 杨劲松, 李晓明, 等, 2012. 滴灌模式对棉花根系分布和水分利用效率的影响. 农业工程学报, 28: 98-105.

刘世荣, 温远光, 王兵, 等, 1996. 中国森林生态系统水文生态功能规律. 北京: 中国林业出版社.

刘文, 2007. 我国农业水资源问题分析. 生态经济 (1): 63-66.

刘祥超, 土风新, 顾小小, 等, 2012. 水、热对土壤 CO_2 排放影响的研究. 中国农学通报, 28 (2): 290-295.

刘晓冰, 王光华, 金剑, 等, 2010. 作物根际和产量生理研究. 北京: 科学出版社.

刘洋, 栗岩峰, 李久生, 等, 2015. 东北半湿润区膜下滴灌对农田水热和玉米产量的影响. 农业机械学报, 46 (10): 93-104.

刘玉春, 李久生, 2009. 毛管埋深和土壤层状质地对地下滴灌番茄根区水氮动态和根系分布的影响. 水利学报, 40 (7): 782-790.

刘愿英, 代世伟, 范永贵, 等, 2007. 我国灌区农业水资源可持续利用问题探讨. 干旱地区农业研究, 25 (6): 157-162.

吕国华, 康跃虎, 台燕, 等, 2012. 不同灌溉方法对冬小麦农田土壤温度的影响. 灌溉排水学报, 31 (2): 48-50.

麦克拉伦 A D, 波德森 G H, 斯库金斯 J, 等, 1984. 土壤生物化学. 闵九康, 关松荫, 汪维敏, 等译. 北京: 农业出版社.

孟磊, 丁维新, 蔡祖聪, 2008. 长期施肥插图土壤呼吸的温度和水分效应. 生态环境, 17 (2): 693-698.

米国全, 袁丽萍, 龚元石, 等, 2005. 不同水氮供应对日光温室番茄土壤酶活性及生物环境影响的研究. 农业工程学报, 21 (7): 124-127.

牛勇, 刘洪禄, 吴文勇, 等, 2013. 灌水下限对甜瓜生长及水分利用效率的影响. 排灌机械工程学报, 31 (10): 901-906.

牛文全，2006. 微压滴灌技术理论与系统研究. 杨凌：西北农林科技大学.

齐广平，2008. 覆膜滴灌条件下盐碱地根-水-盐耦合机理研究. 兰州：甘肃农业大学.

綦伟，谭浩，翟衡，2006. 干旱胁迫对不同葡萄砧木光合特性和荧光参数的影响. 应用生态学报，17（5）：835-838.

齐智娟，冯浩，张体彬，等，2016. 覆膜耕作方式对河套灌区土壤水热效应及玉米产量的影响. 农业工程学报，32（20）：108-113.

秦楠，栗东芳，杨瑞馥，2011. 高通量测序技术及其在微生物学研究中的应用. 微生物学报，51（4）：445-457.

山立，韩冰，邹宇峰，2016. 中国节水农业科技创新面临的挑战及制约因素. 世界农业（3）：15-21.

单鱼洋，2012. 干旱区膜下滴灌水盐运移规律模拟及预测研究. 杨凌：中国科学院教育部水土保持与生态环境研究中心.

申丽霞，王璞，张丽丽，2011. 可降解地膜对土壤温度、水分及玉米生长发育的影响. 农业工程学报，27（6）：25-30.

申孝军，孙景生，李明思，等，2011. 不同灌溉方式对覆膜棉田土壤温度的影响. 节水灌溉，19（11）：19-24.

宋世威，2008. 有机生产系统中甜瓜氮素营养生理研究. 上海：上海交通大学.

宋勇春，李晓林，冯固，2001. 泡囊丛枝（VA）菌根对玉米根际磷酸酶活性的影响. 应用生态学报，12（4）：593-596.

苏里坦，虎胆·吐马尔白，张展羽，2009. 分根交替膜下滴灌条件下南疆棉花耗水特性与生长特征. 农业工程学报，25（6）：20-25.

孙艳，王益权，杨梅，等，2005. 土壤紧实胁迫对黄瓜根系活力和叶片光合作用的影响. 植物生理与分子生物学报，31（5）：545-550.

孙三民，安巧霞，蔡焕杰，等，2015. 枣树间接地下滴灌根区土壤盐分运移规律研究. 农业机械学报，46（1）：160-169.

陶丽佳，王凤新，顾小小，2012. 膜下滴灌对土壤 CO_2 与 CH_4 浓度的影响. 中国生态农业学报，20（3）：330-336.

王峰，杜太生，邱让建，等，2010. 亏缺灌溉对温室番茄产量与水分利用效率的影响. 农业工程学报，26（9）：46-52.

王峰，杜太生，邱让建，等，2011. 基于品质主成分分析的温室番茄亏缺灌溉制度. 农业工程学报，27（1）：75-80.

王慧，孙泰森，2015. 不同水分条件下先锋植物博落回对氮磷胁迫的生物学
　　响应. 植物营养与肥料学报，21（5）：1320-1327.

王洪源，李光永，2010. 滴灌模式和灌水下限对甜瓜耗水量和产量的影响. 农
　　业机械学报，41（5）：47-51.

王建东，龚时宏，于颖多，等，2008. 地面灌灌水频率对土壤水与温度及春玉
　　米生长的影响. 水利学报，39（4）：500-505.

王建东，龚时宏，高占义，等. 2009. 滴灌模式对农田土壤水氮空间分布及冬
　　小麦产量的影响. 农业工程学报，25（11）：68-73.

王建华，任士福，史宝胜，等，2011. 遮荫对连翘光合特性和叶绿素荧光参数
　　的影响. 生态学报，31（7）：1811-1817.

王全九，王文焰，吕殿青，等，2000. 膜下滴灌盐碱地水盐运移特征研究. 农
　　业工程学报，16（4）：54-57.

王卫华，李建波，张志鹏，等，2015. 覆膜滴灌条件下土壤改良剂对土壤导气
　　率的影响. 农业机械学报，46（3）：160-167.

王喜庆，李生秀，高亚军，1998. 地膜覆盖对旱地春玉米生理生态和产量的
　　影响. 作物学报，24：348-353.

王艳哲，刘秀位，孙宏勇，等，2013. 水氮调控对冬小麦根冠比和水分利用效
　　率的影响研究. 中国生态农业学报，21（3）：282-289.

王岳坤，洪葵，2005. 红树林土壤细菌 16S rDNA V3 片段 PCR 产物的 DGGE
　　分析. 微生物学报，45（2）：201-204.

王振昌，2008. 民勤荒漠绿洲区棉花根系分区交替灌溉的节水机理与模式研
　　究. 杨凌：西北农林科技大学.

韦泽秀，梁银丽，井上光弘，等，2009. 水肥处理对黄瓜土壤养分、酶及微生
　　物多样性的影响. 应用生态学报，20（7）：1678-1684.

文宏达，李淑文，毕淑芹，等. 2006. 沟垄覆膜聚水改土耕作措施对小南瓜耗
　　水特性和产量的影响. 农业工程学报，22（11）：53-57.

夏围围，贾仲君，2014. 高通量测序和 DGGE 分析土壤微生物群落的技术评
　　价. 微生物学报，54（12）：1489-1499.

徐国伟，王贺正，翟志华，等，2015. 不同水氮耦合对水稻根系形态生理、产
　　量与氮素利用的影响. 农业工程学报（10）：132-141.

姚允聪，王绍辉，孔云，2007. 弱光条件下桃叶片结构及光合特性与叶绿体
　　超微结构变化. 中国农业科学，40（4）：855-863.

姚槐应，2006. 土壤微生物生态学及其实验技术. 北京：科学出版社.

闫映宇，赵成义，盛钰等，2009. 膜下滴灌对棉花根系、地上部分生物量及产量的影响. 应用生态学报，20（4）：970-976.

杨艳芬，王全九，白云岗，等，2009. 极端干旱地区滴灌条件下葡萄生长发育特征. 农业工程学报，25（12）：45-50.

杨玉盛，陈光水，董彬，等，2004. 格氏栲天然林和人工林土壤呼吸对干湿交替的响应. 生态学报，24（5）：953-958.

依艳丽，梁运江，张大庚，2006. 不同水肥处理对辣椒保护地土壤温度和 CO_2 含量的影响. 土壤通报，37（5）：875-880.

余海英，李廷轩，张锡洲，2010. 温室栽培系统的养分平衡及土壤养分变化特征. 中国农业科学，43（3）：514-522.

张丽华，陈亚宁，李卫红，等，2008. 干旱区荒漠生态系统的土壤呼吸. 生态学报，28（5）：1911-1921.

张前兵，杨玲，孙兵，等，2012a. 旱区灌溉及施肥措施下棉田土壤的呼吸特征. 农业工程学报，28（14）：77-84.

张前兵，杨玲，王进，等，2012b. 干旱区不同灌溉方式及施肥措施对棉田土壤呼吸及各组分贡献的影响. 中国农业科学，45（12）：2420-2430.

张为政，1993. 作物茬口对土壤酶活性和微生物的影响. 土壤肥料（5）：12-14.

张西超，叶旭红，韩冰，等，2016. 灌溉方式对设施土壤温室气体排放的影响. 环境科学，29（10）：1487-1496.

张治，田富强，钟瑞森，等，2011. 新疆膜下滴灌棉田生育期地温变化规律. 农业工程学报，27（1）：44-51.

赵靖丹，李瑞平，史海滨，等，2016. 滴灌条件下地膜覆盖对玉米田间土壤水热效应的影响. 节水灌溉（1）：6-9.

赵娟，黄文江，张耀鸿，等，2013. 冬小麦不同生育时期叶面积指数反演方法. 光谱学与光谱分析，33（9）：2546-2552.

赵青松，李萍萍，王纪章，等，2011. 不同灌水下限对黄瓜穴盘苗生长及生理指标的影响. 农业工程学报，27（6）：31-35.

周德庆，1987. 微生物学教程. 北京：高等教育出版社.

周礼恺，1987. 土壤酶学. 北京：科学出版社.

周群英，高廷耀，2000. 环境工程微生物学. 北京：高等教育出版社：176-178.

宰松梅，仵峰，范永申，2011. 不同滴灌形式对棉田土壤理化性状的影响. 农业工程学报，27（12）：84-89.

邹志荣，李清明，贺忠群，2005. 不同灌溉上限对温室黄瓜结瓜期生长动态、产量及品质的影响. 农业工程学报，21（Z2）：77-81.

Abde-lFattah G M, 1997. Functional activity of VA-mycorrhiza (*Glomus mosseae*) in the growth and productivity of soybean plants grown in sterilized soil. Folia Microbiol, 42 (5): 495-502.

Abou-Ismail O, Huang J F, Wang R C, 2004. Rice yield estimation by integrating remote sensing with rice growthsimulation model. Pedosphere, 14 (4): 519-526.

Adesemoye A O, Torbert H A, Kloepper J W, 2009. Plant growth-promoting rhizobacteria allow reduced application rates of chem-ical fertilizers. Microb Ecol., 58: 921-929.

Adu J K, Oades J M, 1978. Physical factors influencing decomposition of organic materials in soil aggregates. Soil Biology and Biochemistry, 10: 109-115.

Agnuson M, Crawford D L, 1992. Comparison of extracellular peroxidase and esterase-deficient mutants of Streptomyces viridosporus T7A. Applied and Environmental Microbiology, 58: 1070-1072.

Ahmadi S H, Agharezaee M, Kamgar-Haghighi A A, et al., 2014. Effects of dynamic and static deficit and partial root zone drying irrigation strategies on yield, tuber sizes distribution, and water productivity of two field grown potato cultivars. Agricultural Water Management, 134: 126-136.

Ahmadi S H, Andersen M N, Plauborg F, et al., 2010. Effects of irrigation strategies and soils on field-grown potatoes: Gas exchange and xylem [ABA]. Agricultural Water Management, 97 (11): 1923-1930.

Al-Ghobari H M, Mohammad F S, El Marazky M S A, 2015. Assessment of smart irrigation controllers under subsurface and drip-irrigation systems for tomato yield in arid regions. Crop and Pasture Science, 66 (10): 1086-1095.

Amann R I, Ludwig W, Schleifer K H, 1995. Phylogenetic identification and in situ detection ofindividual microbial cells without cultivation. Microbiology and Molecular Biology Reviews, 59 (1): 143-169.

Ameloot N, De Neve S, Jegajeevagan K, et al., 2013. Short-term CO_2 and N_2O emissions and microbial properties of biochar amended sandy loam soils. Soil Biology and Biochemistry, 57: 401 - 410.

Antony E, Singandhupe R B, 2004. Impact of drip and surface irrigation on growth, yield and WUE of capsicum (*Capsicum annum* L.). Agricultural water management, 65 (2): 121 - 132.

Badr A E, Abuarab M E, 2013. Soil moisture distribution patterns under surface and subsurface drip irrigation systems in sandy soil using neutron scattering technique. Irrigation Science, 31 (3): 317 - 332.

Badr M A, Hussein S D A, El - Tohamy W A, et al. , 2010. Efficiency of subsurface drip irrigation for potato production under different dry stress conditions. Gesunde Pflanzen, 62 (2): 63 - 70.

Balemi T, Negisho K, 2012. Management of soil phosphorus and plant adaptation mechanisms to phosphorus stress for sustainable crop production: a review. Journal of soil science and plant nutrition, 12 (3): 547 - 562.

Bendinga G D, Turnera M K, et al. , 2004. Microbial and biochemical soil Quality indicators and their potential for differentiating area sunder contrasting agricultural management regimes. Soil Biology and Biochemistry, 36: 1785 - 1792.

Berendsen R L, Pieterse C M J, Bakker P A, 2012. The rhizosphere microbiome and plant health. Trends in Plant Science, 17: 478 - 486.

Bidondo D, Andreau R, Martinez S, et al. , 2012. Comparison of the effect of surface and subsurface drip irrigation on water use, growth and production of a greenhouse tomato crop. Acta Horticulturae, 927 (927): 309 - 314.

Bligh E G, Dyer W J, 1959. A rapid method of total lipid extraction and purification. Canadian Journal of Biochemistry Physiology, 37: 911 - 917.

Boddington C L, Dodd J C, 1999. Evidence that differences in phosphate met abolism in mycorrhizas formed by species of Glomus and Gigaspora might be related to their life - cycle strategies. New Phytologist, 142 (4): 531 - 538.

Bondada B R, Osterhuis D M, Norman R J, 1996. Canopy photosynthesis, growth, yield and boll 15N accumulation under nitrogen stress incotton. Crop Science Society of America, 36: 127 - 133.

Bonkowski M, Clarholm M, 2015. Stimulation of plant growth through interactions of bacteria and protozoa: testing the auxiliary microbial loop hypothesis. Acta Protozoologica, 51 (3): 237 - 247.

Borken W, Matzner E, 2009. Reappraisal of drying and wetting effectson C and N mineralization and fluxes in soils. Global Change Biology, 15 (4): 808 - 824.

Bronick C J, Lal R, 2005. Soil structure and management: a review. Geoderma, 124 (1): 3 - 22.

Burke J J, Upchurch M J, 1995. Cotton rooting patterns in relation to soil temperature and the thermal kinetic window. Agronomy Journal, 87: 1210 - 1216.

Burns R G, Dick R P, 2002. Enzymes in the environment: activity, ecology and app lications. New York: Marcel Dekker.

Buyanovsky G A, Wagner G H, Gantzer C J, 1986. Soil respiration in a winterwheat ecosystem. Soil Science Society of America Journal, 50: 338 - 344.

Camp C R, 1998. Subsurface drip irrigation: a review. Transactions of the ASAE, 41 (5): 1353 - 1367.

Bertin C, Yang X, Weston L A, 2003. The role of rootexudates and allelochemicals in the rhizosphere, Plant and Soil, 256: 67 - 83.

Chenafi A, Monney P, Arrigoni E, et al. , 2016. Influence of irrigation strategies on productivity, fruit quality and soil - plant water status of subsurface drip - irrigated apple trees. Fruits, 71 (2): 69 - 78.

Chaparro J M, Sheflin A M, Manter D K, et al. , 2012. Manipulating the soil microbiome to increase soil health and plant fertility. Biology and Fertility of Soils, 48 (5): 489 - 499.

Chen C, Xu F, Zhu J R, et al. , 2016. Nitrogen forms affect root growth, photosynthesis, and yield of tomato under alternate partial root - zone irrigation. Journal of Plant Nutrition and Soil Science, 179 (1): 104 - 112.

Chen D, Wang Y, Lan Z, et al. , 2015. Biotic community shifts explain the contrasting responses of microbial and root respiration to experimental soil acidification. Soil Biology and Biochemistry, 90: 139 - 147.

Chen S N, Gu J, Gao H, et al. , 2011. Effect of microbial fertilizer on microbial activity and microbialcommunity diversity in the rhizosphere of wheat growing on the Loess Plateau. African Journal of Microbiology Research, 5 (2): 137 - 143.

Choi S K, Yun K W, Chon S U, et al. , 2003. Study on leaf production of Angelica acutiloba by mulching with polyethylene film. Plant Resources, 6 (3):

211 - 214.

Coelho E F, Or D, 1999. Root distribution and water uptake patterns of corn under surface and subsurface drip irrigation. Plant and Soil, 206 (2): 123 - 136.

Cote C M, Bristow K L, Charlesworth P B, et al., 2003. Analysis of soil wetting and solute transport in subsurface trickle irrigation. Irrigation Science, 22 (3): 143 - 156.

Dakora F D, Phillips D A, 2002. Root exudates as mediators of mineral acquisition in low - nutrient environments. Plant and Soil, 245 (1): 35 - 47.

Dai J L, Dong H Z, 2014. Intensive cotton farming technologies in China: achievements, challenges and countermeasures. Field Crops Research, 155: 99 - 110.

Dangi S R, Zhang H, Wang D, et al., 2016. Soil microbial community composition in a peach orchard under different irrigation methods and postharvest deficit irrigation. Soil Science, 181 (5): 208 - 215.

Dass A, Chandra S, Choudhary A K, et al., 2016. Influence of field re - ponding pattern and plant spacing on rice root - shoot characteristics, yield, and water productivity of two modern cultivars under SRI management in Indian Mollisols. Paddy and Water Environment, 14 (1): 45 - 59.

Davidson E A, Keller M, Erickson H E, et al., 2000. Testing a conceptual model of soil emissions of nitrous and nitric oxides using two functions based on soil nitrogen availability and soil water content, the hole - in - the - pipe model characterizes a large fraction of the observed variation of nitric oxide and nitrous oxide emissions from soils. Bioscience, 50 (8): 667 - 680.

Davidson E A, Strand M K, Galloway L F, 1985. Evaluation of the most probable number method for enumerating denitrifying bacteria. Soil Science Society of America Journal, 49 (3): 642 - 645.

Davies W J, Zhang J, Yang J, et al., 2011. Novel crop science to improve yield and resource use efficiency in water - limited agriculture. Journal of Agricultural Science, 149 (1): 123 - 131.

Del Grosso S J, Parton W J, Mosier A R, et al., 2000. General model for N_2O and N_2 gas emissions from soils due to dentrification. Global Biogeochemical Cycles, 14 (4): 1045 - 1060.

Diamantopoulos E, Elmaloglou S, 2012. The effect of drip line placement on soil water dynamics in the case of surface and subsurface drip irrigation. Irrigation and Drainage, 61 (5): 622 - 630.

Díaz - pérez J C, 2009. Root zone temperature, plant growth and yield of broccoli [Brassica oleracea (Plenck) var. italica] as affected by plastic film mulches. Scientia Horticulturae, 123 (2): 156 - 163.

Dodor D E, Tabatabai M A, 2003. Effect of cropping systems on phosphatases in soils. Journal of Plant Nutrition and Soil Science, 166 (1): 7 - 13.

Dodd I C, Huber K, Wright H R, et al., 2015. The importance of soil drying and re - wetting in crop phytohormonal and nutritional responses to deficit irrigation. Journal of Experimental Botany, 66 (8): 175 - 176.

Doraiswamy P C, Hatfield J L, Jackson T J, et al., 2004. Crop condition and yield simulations using Landsat and MODIS. Remote Sensing of Environment, 92 (4): 548 - 559.

Doran J W, Zeiss M R, 2000. Soil health and sustainability: managing the biotic component of soil quality. Applied Soil Ecology, 15: 3 - 11.

Dorlodot S, Forster B, Pages L, et al., 2007. Root system architecture: opportunities and constraints for genetic improvement of crops. Trends in Plant Science, 12 (10): 474 - 481.

Douh, B., Boujelben, A., Khila S, et al., 2013. Effect of subsurface drip irrigation system depth on soil water content distribution at different depths and different times after irrigation. Larhyss Journal, 13: 7 - 16.

Dukes M D, Scholberg J M, 2005. Soil moisture controlled subsurface drip irrigation on sandy soils. Applied Engineering in Agriculture, 21 (1): 89 - 101.

Ehdaie B, Merhaut D J, Ahmadian S, et al., 2010. Root system sizeinfluences water - nutrient uptake and nitrate leaching potentialin wheat. Journal of Agronomy and Crop Science, 196 (6): 455 - 466.

Femandes M R, Saxena J, Dick R P, 2013. Comparison of whole - cell fatty acid (MIDI) or phospholipidFatty acid (PLFA) extractants as biomarkers to profile soil microbial communities. Microbialecology, 66 (1): 145 - 157.

Fernández M J, Barro R, Pérez J, et al., 2016. Influence of the agricultural management practices on the yield and quality of poplar biomass (a 9 - year study). Biomass and Bioenergy, 93: 87 - 96.

参 考 文 献

Fernández J E, Moreno F, Cabrera F, et al. 1991. Drip irrigation, soil characteristics and the root distribution and root activity of olive trees. Plant and soil, 133 (2): 239 - 251.

Finger L, Wang Q J, Malano H, et al. 2015. Productivity and water use of grazed subsurface drip irrigated perennial pasture in Australia. Irrigation Science, 33 (2): 141 - 52.

Firsching B M, Claassen N, 1996. Root phosphatase activity and soil organic phosphorus utilization by Norway Sp ruce [Picea Abies (L.) Karst]. Soil Biology and Biochemistry, 28 (11): 1417 - 1424.

Foyer C H, Ferrario S, 1994. Modulation of carbon and nitrogen metabolism in transgenic plants with a view to improved biomass production. Biochemical Society Transactions, 22 (4): 909 - 915.

Foyer C H, Ferrario - Méry S, Noctor G, 2001. Interactions between carbon and nitrogen metabolism. Plant Nitrogen. Springer Berlin Heidelberg, 237 - 254.

Frankenberger J R, Johanson J B, Nelson C O, 1983. Urease activity in sewage sludge amended soils. Soil Biology and Biochemistry, 15: 543 - 549.

Gans J, Wolinsky M, Dunbar J, 2005. Computational improvements reveal great bacterial diversity and high metal toxicity in soil. Science, 309 (5739): 1387 - 1390.

Gao Y, Xie Y, Jiang H, et al. , 2014. Soil water status and root distribution across the rooting zone in maize with plastic film mulching. Field Crops Research, 156: 40 - 47.

Garcia - Gil J, Plaza C C, Soler - Rovira P, et al. , 2000. Long - term effects ofmunicipal solid waste compost application on soil enzyme activities and microbial biomass. Soil Biology and Biochemistry, 32: 1907 - 1913.

Garcia - Ruiz R, Ochoa V, Hinojosa M B, et al. , 2008. Suitability of enzymeactivities for the monitoring of soil quality improvement in organicagricultural systems. Soil Biology and Biochemistry, 40: 2137 - 2145.

Garland J L, Mills A L, 1991. Classification and characterization of heterotrophic microbial communities on the basis of patterns of community - level - solecarbon - source utilization. Applied and Environmental Microbiology, 57 (8): 2351 - 2359.

Geisseler D, Scow K M, 2014. Long - term effects of mineral fertilizers on soil microorganisms: a review. Soil Biology and Biochemistry, 75: 54－63.

Genty B, Briantais J M, Baker N R, 1989. The relationship betweenthe quantum yield of photosynthetic electron transport andquenching of chlorophyll fluorescence. Biochimicaet Biophysica Acta, 990 (1): 87－92.

George T S, Gregory P J, Wood M, et al. 2002. Phosphatase activity and organic acids in the rhizosphere of Potential agroforestry species and maize. Soil Biology and Biochemistry, 34: 1487－1494.

Ghorbani－Nasrabadi R, Greiner R, Alikhani H A, et al. 2013. Distribution of actinomycetes in different soil ecosystemsand effect of media composition on extracellular phosphataseactivity. Journal of Soil Science and Plant Nutrition, 13 (1): 223－236.

Gomez E, Ferreras L, Toresani S, 2006. Soil bacterial functional diversity as influenced by organicamendment application. Bioresource Technology, 97 (13): 1484－1489.

Grant C A, Flaten D N, Tomasiewicz D J, et al. , 2001. Importance of early season phosphorus nutrition. Better Crops, 85 (2): 18－23.

Graham R D, 1984. Breeding for nutritional characteristics in cereals. Advances in Plant Nutrition (1): 57－102.

Gregory P J, 2006. Roots, rhizosphere and soil: the route to a better understanding of soil science. European Journal of Soil Science, 57 (1): 2－12.

Grierson P F, Adams M A, 2000. Plant species affect acid phosphatase, ergosterol and microbial P in a jarrah (*Eucalyplus marginata* Donnex Sm.) forest in south－western Australia. Soil Biology and Biochemistry, 32: 1817－1828.

Grossnickle S C, 2005. Importance of root growth in overcoming planting stress. New Forests, 30: 273－294.

Guo X, Drury C F, Yang X, et al. , 2014. The extent of soil drying and rewetting affects nitrous oxide emissions, denitrification, and nitrogen mineralization. Soil Science Society of America Journal, 78 (1): 194－204.

Hakeem A, Liu Y, Xie L, et al. , 2016. Comparative effects of alternate partial root－zone drying and conventional deficit irrigation on growth and yield of field grown maize (*Zea mays* L.) hybrid. Journal of Environmental and Agricultural Sciences, 6: 23－32.

Haling R E, Brown L K, Bengough A G, et al. , 2013. Root hairs improve root penetration, root - soil contact, and phosphorus acquisition in soils of different strength. Journal of Experimental Botany, 64 (12): 3711 - 3721.

Hao Z, Xue Y, Wang Z, et al. , 2009. Morphological and physiological traits of roots and their relationships with shoot growth in "super" rice. Field Crops Research, 113 (1): 31 - 40.

Henry H A L. 2013. Reprint of "Soil extracellular enzyme dynamics in a changing climate" . Soil Biology and Biochemistry, 56: 53 - 59.

Hernandez M, Chailloux M, 2004. Las micorrizas arbusculares y lasbacterias rizosfericas como alternativa a la nutricion mineral deltomate. Cultivos Tropicales, 25: 5 - 16.

Hochholdinger F, 2016. Untapping root system architecture for crop improvement. Journal of Experimental Botany, 67 (15): 4431 - 4433.

Hou H, Peng S, Xu J, et al. , 2012. Seasonal variations of CH_4 and N_2O emissions in response to water management of paddy fields located in Southeast China. Chemosphere, 89 (7): 884 - 892.

Hou X Y, Wang F X, Han J J, et al. , 2010. Duration of plastic mulch for potato growth under drip irrigation in an arid region of Northwest China. Agricultural and Forest Meteorology, 150 (1): 115 - 121.

Hsiao T C, 1993. Growth and productivity of crops in relation to water status. Acta Horticulturae, 335: 137 - 148.

Deng H, 2012. A review of diversity - stability relationship of soil microbial community: what do we not know. Journal of Environmental Sciences, 24 (6): 1027 - 1035.

Hutton R J, Loveys B R, 2011. A partial root zone drying irrigation strategy for citrus - effects on water use efficiency and fruit characteristics. Agricultural Water Management, 98 (10): 1485 - 1496.

Hu X T, Hu C, Jing W, et al. , 2009. Effects of soil water content on cotton root growth and distribution under mulched drip irrigation. Agricultural Sciences in China, 8 (6): 709 - 716.

Ibarra - Jiménez L, Lira - Saldivar R H, Valdez - Aguilar L A, et al. , 2011. Colored plastic mulches affect soil temperature and tuber production of potato. Acta Agriculturae Scandinavica, Section B - Soil and Plant Science, 61 (4): 365 - 371.

Ibarra - Jimenez L, Zermeno - Gonzalez A, Munguia - Lopez J, et al., 2008. Photosynthesis, soil temperature and yield ofcucumber as affected by colored plastic mulch. Acta Agriculturae Scandinavica Section B - Soil and Plant Science, 58: 372 - 378.

Jian S, Li J, Chen J, et al., 2016. Soil extracellular enzyme activities, soil carbon and nitrogen storage under nitrogen fertilization: A meta - analysis. Soil Biology and Biochemistry, 101: 32 - 43.

Kahlaoui B, Hachicha M, Rejeb S, et al., 2011. Effects of saline water on tomato under subsurface drip irrigation: nutritional and foliar aspects. Journal of Soil Science and Plant Nutrition, 11 (1): 643 - 656.

Kallenbach C M, Rolston D E, Horwath W R, 2010. Cover cropping affects soil on CO_2 emissions differently depending on type of irrigation. Agriculture, Ecosystemsand Environment, 137 (3): 251 - 260.

Kang H, Freeman C, 1999. Phosphatase and arylsulphatase activities in wetland soils: annual variation and controlling factors. Soil Biology and Biochemistry, 31 (3): 449 - 454.

Kang S, Zhang J, 2004. Controlled alternate partial root - zone irrigation: its physiological consequences and impact on water use efficiency. Journal of experimental botany, 55 (407): 2437 - 2446.

Karandish F, Shahnazari A, 2016. Soil temperature and maize nitrogen uptake improvement under partial root - zone drying irrigation. Pedosphere, 26 (6): 872 - 886.

Kennydy A C, Smith K L, 1995. Soil microbial diversity and the sustainability of agriculturalsoils. Plant and Soil, 170 (1): 75 - 86.

Kemper W D, Rosenau R, Nelson S, 1985. Gas displacement and aggregate stability of soil. Soil Science Society of America Journal, 49: 25 - 28.

Khumoetsile Mmolawa, Dani Or, 2000. Root zone solute dynamics under drip irrigation: a review. Plant and Soil, 222: 163 - 190.

Kincaid D C, Westermann D T, Trout T J, 1993. Irrigation and soil temperature effects on Russet Burbank quality. American Potato Journal, 70 (10): 711 - 723.

Kircher M, Kelso J. 2010. High - throughput DNA sequencing - concepts and limitations. Bioessays, 32 (6): 524 - 536.

Kitajima K, Hogan K P, 2003. Increases of chlorophyll a/b ratiosduring acclimation of tropical woody seedlings to nitrogenlimitation and high light. Plant Cell and Environment, 26 (6): 857 – 865.

Kool D M, Dolfing J, Wrage N, et al. , 2011. Nitrifier denitrification as a distinct and significant source of nitrous oxide from soil. Soil Biology and Biochemistry, 43 (1): 174 – 178.

Käster J R, Well R, Dittert K, et al. , 2013. Soil denitrification potential and its influence on N_2O reduction and N_2O isotopomer ratios. Rapid Communications in Mass Spectrometry, 27 (21): 2363 – 2373.

Krmer S, Green D M, 2000. Acid and alkaline phosphatase dynamics and their relationship to soilmicroclimate in a semiarid woodland. Soil Biology and Biochemistry, 32: 179 – 188.

Kumar V, Chopra A K, Srivastava S, 2014. Distribution, enrichment and accumulation of heavy metals in soil and *Vigna mungo* L. Heaper (Black gram) after irrigation with distillery wastewater. Journal of Environment and Health Science, 1: 1 – 8.

Kuzyakov Y, 2002. Separating microbial respiration of exudates from root respiration in non – sterile soils: a comparison of four methods. Soil Biology and Biochemistry, 34 (11): 1621 – 1631.

Kuzyakov Y, Xu X, 2013. Competition between roots and microorganisms for nitrogen: mechanisms and ecological relevance. New Phytologist, 198 (3): 656 – 669.

Lal R, 2004. Soil carbon sequestration to mitigate climate change. Geoderma, 123 (1): 1 – 22.

Lambers H, Mougel C, Jaillard B, et al. , 2009. Plant – microbe – soil interactions in the rhizosphere: an evolutionary perspective. Plant and Soil, 321: 83 – 115.

Lamm F R, Kheira A A A, Trooien T P, 2010. Sunflower soybean, and grainsorghum crop production as affected by dripline depth. Applied Engineering in Agriculture, 26: 873 – 882.

Lamont W J, 2005. Plastics: modifying the microclimate for theproduction of vegetable crops. Hort Technology, 15: 477 – 481.

Liang H, Li F, Nong M, 2013. Effects of alternate partial root – zone irrigation on yield and water use of sticky maize with fertigation. Agricultural Water Management, 116: 242 - 247.

Li F M, Wang J, Xu J Z, et al. , 2004. Productivity and soil response to plastic film mulching durations for spring wheat on entisols in the semiarid Loess Plateau of China. Soil and Tillage Research, 78 (1): 9 - 20.

Li F M, Song Q H, Jjemba P K, et al. , 2004. Dynamics of soil microbial biomass C and soil fertility in cropland mulched with plastic film in a semiarid agro - ecosystem. Soil Biology and Biochemistry, 36 (11): 1893 - 1902.

Li F M, Wang J, Xu J Z, Xu H L, 2004. Productivity and soil response to plastic film mulching durations for spring wheat on entisols in the semiarid Loess Plateau of China. Soil and Tillage Research, 78 (1): 9 - 20.

Li F M, Wang P, Wang J, et al. , 2004. Effects of irrigation before sowing and plastic film mulching on yield and water uptake of spring wheat in semiarid Loess Plateau of China. Agricultural Water Management, 67 (2): 77 - 88.

Li F, Wei C, Zhang F, et al. , 2010. Water - use efficiency and physiological responses of maize under partial root - zone irrigation. Agricultural Water Management, 97 (8): 1156 - 1164.

Li G, Wang X Y, Bai D, 2010. Effects of soil physical properties on irrigation quality of lateral insubsurface drip irrigation. Transactions of the CSAE, 26 (9): 14 - 18.

Lima R S N, de Assis F A M M, Martins A O, et al. , 2015. Partial rootzone drying (PRD) and regulated deficit irrigation (RDI) effects on stomatal conductance, growth, photosynthetic capacity, and water - use efficiency of papaya. Scientia Horticulturae, 183: 13 - 22.

Lim T J, Kim K I, Park J M, et al. , 2013. Estimation of the optimum installation depth of soil moisture sensor in an automatic subsurface drip irrigation system for greenhouse cucumber. Korean Journal of Soil Science and Fertilizer, 46 (2), 99 - 104.

Li R, Hou X, Jia Z, et al. , 2013. Effects on soil temperature, moisture, and maize yield of cultivation with ridge and furrow mulching in the rainfed area of the Loess Plateau, China. Agricultural Water Management, 116: 101 - 109.

Liu C X, Ruboek G H, Liu F L, et al. , 2015. Effect of partial root zone drying and deficit irrigation on nitrogen and phosphorus uptake in potato. Agricultural Water Management, 159: 66 - 76.

Liu J, Zhan A, Bu L, et al. , 2014. Understanding dry matter and nitrogen accumulation for high - yielding film - mulched maize. Agronomy Journal, 106 (2): 390 - 396.

Liu S H, Kang Y H, 2014. Changes of soil microbial characteristics in saline - sodic soils under drip irrigation. Journal of soil science and plant nutrition, 14 (1): 139 - 150.

Liu S, Kang Y, Wan S, et al. , 2011. Water and salt regulation and its effects on Leymus chinensis growth under drip irrigation in saline - sodic soils of the Songnen Plain. Agricultural Water Management, 98 (9): 1469 - 1476.

Liu S, Zhang L, Jiang J, et al. , 2012. Methane and nitrous oxideemissions from rice seedling nurseries under flooding and moist irrigation regimes in Southeast China. Science of the Total Environment (426): 166 - 171.

Lin W, Yu Z, Zhang H, et al. , 2014. Diversity and dynamics of microbial communities at each step of treatment plant for potable water generation. Water Res. , 52: 218 - 30.

Liu X E, Li X G, Hai L, et al. , 2014. Film - mulched ridge - Furrow management increases maize productivity and sustains soil organic carbon in a dryland cropping system. Soil Science Society of America Journal, 78 (4): 1434 - 1441.

Li Z, Zhang R, Wang X, et al. , 2011. Carbon dioxide fluxes andconcentrations in a cotton field in Northwestern China: effects of plastic mulching and drip irrigation. Pedosphere, 21 (2): 178 - 185.

Lundquist E J, Scow K M, Jackson LE, et al. , 1999. Rapid response of soil microbial communities from conventional, lowinput, and organic farming systems to a wet/dry cycle. Soil Biology and Biochemistry, 31: 1661 - 1675.

Lv G, Kang Y, Li L, et al. , 2010. Effect of irrigation methods on root development and profile soil water uptake in winter wheat. Irrigation Science, 28 (5): 387 - 398.

Magnuson M, Crawford D L, 1992. Comparison of extracellularperoxidase and esterase - deficient mutants of Streptomyces viridosporus T7A. Applied and Environmental Microbiology, 58: 1070 - 1072.

Ma L, Shan J, Yan X, 2015. Nitrite behavior accounts for the nitrous oxide peaks following fertilization in a fluvo – aquic soil. Biology and Fertility of Soils, 51 (5): 563 – 572.

Malamy J E, 2005. Intrinsic and environmental response pathways that regulate root system architecture. Plant Cell and Environment, 28 (1): 67 – 77.

Manuel Montano N, Lidia Sandoval – Perez A, Nava – Mendoza M, et al., 2013. Spatial and seasonal variationof soil culturable – bacterial functional groups in a Mexican tropical dry forest. Revista de Biologytropical, 61 (1): 439 – 453.

Maria do Rosário G O, Calado A M, Portas C A M, 1996. Tomato root distribution under drip irrigation. Journal of the American Society for Horticultural Science, 121 (4): 644 – 648.

MarjanovićM, StikićR, Vucelić – RadovićB, et al., 2012. Growth and proteomic analysis of tomato fruit under partial root – zone drying. Omics: a Journal of Integrative Biology, 16 (6): 343 – 356.

Marklein A R, Houlton B Z, 2012. Nitrogen inputs accelerate phosphorus cycling rates across a wide variety of terrestrial ecosystems. New Phytologist, 193 (3): 696 – 704.

Marschall M, Proctor M C, 2004. Are bryophytes shade plants? Photosynthetic light responses and proportions of chlorophyll a, chlorophyll b and total carotenoids. Annals of Botany, 94 (4): 593 – 603.

Mbah C N, Nwite J N, Njoku C, et al., 2009. Physical properties of an ultisol under plastic film and no – mulches and their effect on the yield of maize. Journal of American Science, 5, 25 – 30.

Mda B, Gikes R J, 1998. The chemistry and agronomic effectiveness of phosphate fertilizers. Journal of Crop Production, 1 (2): 139 – 163.

Mendes C, Bandick A K, Dick R P, et al., 1999. Microbial biomassand activities in soil aggregates by winter cover crops. Soil Science Society of America Journal, 63: 873 – 881.

Mimmo T, Del Buono D, Terzano R, et al., 2014. Rhizospheric organic compounds in the soil – microorganism – plant system: their role in iron availability. European Journal of Soil Science, 65 (5): 629 – 642.

Mingo D M, Theobald J C, Bacon M A, et al., 2004. Biomass allocation in tomato (*Lycopersicon esculentum*) plants grown under partial rootzone drying: enhancement of root growth. Functional Plant Biology, 31 (10): 971 - 978.

Miransari M, 2013. Soil microbes and the availability of soil nutrients. Acta Physiologiae Plantarum, 35 (11): 3075 - 3084.

Mocali S, Galeffi C, Perrin E, et al. , 2013. Alteration of bacterial communities and organic matter in microbial fuel cells (MFCs) supplied with soil and organic fertilizer. Applied Microbiology and Biotechnology, 97 (3): 1299 - 1315.

Niu J Y, Gan Y T, Huang G B, 2004. Dynamics of root growth in spring wheat mulched with plastic film. Crop Science, 44 (5): 1682 - 1688.

Ning S, Shi J, Zuo Q, et al. , 2015. Generalization of the root length density distribution of cotton under film mulched drip irrigation. Field Crops Research, 177: 125 - 136.

North G B, Nobel P S, 1991. Changes in hydraulic conductivity and anatomy caused by drying and rewetting roots of *Agave desert* (Agavaceae). American Journal of Botany, 78 (7): 906 - 915.

Oburger E, Jones D L, Wenzel W W, 2011. Phosphorus saturation and pH differentially regulate the efficiency of organic acid anion - mediated P solubilization mechanisms in soil. Plant and Soil, 341 (1 - 2): 363 - 382.

Ochmian I, 2012. The impact of foliar application of calcium fertilizers on the quality of highbush blueberry fruits belonging to the 'Duke' cultivar. Notulae Botanicae Horti Agrobotanici Cluj - Napoca, 40 (2): 163 - 169.

O'Donnell A G, Seasman M, Macrae A, et al. , 2001. Plants and fertilisers as drivers of change in microbial community structure andfunction in soils. Plant and Soil, 232 (1): 135 - 145.

Okuda H, Noda K, Sawamoto T, et al. , 2007. Emission of N_2O and CO_2 and uptake of CH_4 in soil from a *Satsuma mandarin* orchard under mulching cultivation in central Japan. Journal of the Japanese Society for Horticultural Science, 76 (4): 279 - 287.

Olander L P, Vitousek P M, 2000. Regulation of soil phosphatase and chitinase activityby N and P availability. Biogeochemistry, 49 (2): 175 - 191.

Oron G, DeMalach Y, Gillerman L, et al. , 2002. SW - soil and water: effect of water salinity and irrigation technology on yield and quality of pears. Bio-Systems Engineering, 81 (2): 237 - 247.

Pascual J A, Moreno J L, Hernández T, et al. , 2002. Persistence of immobilised and total urease and phosphatase activities in a soil amended with organic wastes. Bioresource Technology, 82 (1): 73 - 78.

Patel N, Rajput T B S, 2007. Effect of drip tape placement depth and irrigation level on yield of potato. Agricultural Water Management, 88 (1): 209 - 223.

Patel N, Rajput T B S, 2008. Dynamics and modeling of soil water under subsurface drip irrigated onion. Agricultural Water Management, 95 (12): 1335 - 1349.

Patel N, Rajput T B S. 2013c. Effect of deficit irrigation on crop growth, yield and quality of onion in subsurface drip irrigation. International Journal of Plant Production, 7 (3): 417 - 436.

Petra M, 2003. Structure and Functional of the soil microbial community in a long - time fertilizer experiment. Soil Biology and Biochemistry, 35: 453 - 461.

Phene C J, Davis K R, Hutmacher R B, et al. , 1991. Effect of high frequency surface and subsurface drip irrigation on root distribution of sweet corn. Irrigation Science, 12 (3): 135 - 140.

Pii Y, Mimmo T, Tomasi N, et al. , 2015. Microbial interactions in the rhizosphere: beneficial influences of plant growth - promoting rhizobacteria on nutrient acquisition process: a review. Biology and Fertility of Soils, 51 (4): 403 - 415.

Plaut Z, Carmi A, Grava A, 1996. Cotton root and shoot responses to subsurface drip irrigation and partial wetting of the upper soil profile. Irrigation Science, 16 (3): 107 - 113.

Poovaiah B W, 1979. Role of calcium in ripening and senescence. Communications in Soil Science and Plant Analysis, 10 (1 - 2): 83 - 88.

Preston - Mafham J, Boddy L, Randerson P F, 2002. Analysis of microbial community functional diversity using sole - carbon - source utilizationprofiles - acritique. FEMS Microbiology Ecology, 42 (1): 1 - 14.

Pugliese M, Liu B P, Gullino M L, et al. , 2011. Microbial en - richment of compost with biological control agents to enhancesuppressiveness to four soil - borne diseases in greenhouse. Journal of Plant Diseases and Protection, 118 (2): 45 - 50.

Qin S H, Dai H L, Zhang J L, et al. , 2014. Effects of plastic film and ridge - furrow cropping patterns on soil nutrients movement and yield of potato in semiarid areas. Agricultural Research in the Arid Areas, 32: 38 - 41.

Qin S, Li S, Kang S, et al. , 2016. Can the drip irrigation under film mulch reduce crop evapotranspiration and save water under the sufficient irrigation condition. Agricultural Water Management, 177: 128 - 137.

Qin S, Yeboah S, Wang D, et al. , 2016. Effects of ridge – furrow and plastic mulching planting patterns on microflora and potato tuber yield in continuous cropping soil. Soil Use and Management, 32 (3): 465 - 473.

Raine S R, Meyer W S, Rassam D W, et al. , 2007, Soil – water and solute movement under precision irrigation: knowledge gaps for managing sustainable root zones. Irrigation Science, 26 (1): 91 - 100.

Raven J A, Handley L L, MacFarlane J J, et al. , 1988. The role of CO_2 uptake by roots and CAM in acquisition of inorganic C by plants of the isoetid life – form: a review, with new data on Eriocaulon decangulare L. New Phytologist, 108 (2): 125 - 148.

Reicosky D C, Gesch R W, Wagner S W, et al. , 2008. Tillage and wind effects on soil CO_2 concentrations in muck soils. Soil and Tillage Research, 99 (2): 221 - 231.

Ren B, Zhang J, Dong S, et al. , 2016. Root and shoot responses of summer maize to waterlogging at different stages. Agronomy Journal, 108 (3): 1060 - 1069.

Rochette P, Angers D A, Chantigny M H, et al. , 2008. Nitrous oxide emissions respond differently to no – till in a loam and a heavy clay soil. Soil Science Society of America Journal, 72 (5): 1363 - 1369.

Rogers E D, Benfey P N, 2015. Regulation of plant root system architecture: implications for crop advancement. Current Opinion in Biotechnology, 32: 93 - 98.

Rui M A M, Rosário M D, Oliveira G, et al. , 2003. Tomato root distribution, yield and fruit quality under subsurface drip irrigation. Plant and Soil, 255 (1): 333 - 341.

Sanchez – Martin L, Arce A, Benito A, et al. , 2008. Influence of drip and furrow irrigation systems on nitrogen oxide emissions from a horticultural crop. Soil Biology and Biochemistry, 40 (7): 1698 - 1706.

Sanchez – Martin L, Vallejo A, Dick J, et al. , 2008. The influence of soluble carbon and fertilizer nitrogen on nitric oxide and nitrous oxide emissions from two contrasting agricultural soils. Soil Biology and Biochemistry, 40 (1):

142 - 151.

Sänger A, Geisseler D, Ludwig B, 2010. Effects of rainfall pattern on carbon- and nitrogen dynamics in soil amended with biogas slurry andcomposted cattle manure. Journal of Plant Nutrition and Soil Science, 173: 692 - 698.

Sänger A, Geisseler D, Ludwig B, 2011. Effects of moisture and temperature on greenhouse gas emissions and C and N leaching losses in soil treated with biogas slurry. Biology and Fertility of Soils, 47 (3): 249 - 259.

Santos L N S D, Matsura E E, Gonçalves I Z, et al. , 2016. Water storage in the soil profile under subsurface drip irrigation: evaluating two installation depths of emitters and two water qualities. Agricultural Water Management, 170: 91 - 98.

Sasal M C, Andriulo A E, Taboada M A, 2006. Soil porosity characteristics and water movement under zero tillage in silty soils in Argentinian Pampas. Soil and Tillage Research, 87 (1): 9 - 18.

Schaufler G, Kitzler B, Schindlbacher A, et al. , 2010. Greenhouse gas emissions from European soils under different land use: effects of soil moisture and temperature. European Journal of Soil Science, 61 (5): 683 - 696.

Schiavon M, Serena M, Leinauer B, et al. , 2015. Seeding dateand irrigation system effects on establishment of warm - season turfgrasses. Agronomy Journal, 107: 880 - 886.

Schortemeyer M, Santrckova H, Sandowsky M J, 1997. Relationship between root length density and soil microorganisms in the rhizospheres of white clover and perennialryegrass. Communications in Soil Science and Plant Analysis, 28: 1675 - 1682.

Selim T, Berndtsson R, Persson M, et al. , 2012. Influence of geometric design of alternate partial root - zone subsurface drip irrigation (APRSDI) with brackish water on soil moisture and salinity distribution. Agricultural Water Management, 103: 182 - 190.

Shahnazari A, Ahmadi S H, Laerke P E, et al. , 2008. Nitrogen dynamics in the soil - plant system under deficit and partial root - zone drying irrigation strategies in potatoes. European Journal of Agronomy, 28 (2): 65 - 73.

Shen J, Li C, Mi G, et al. , 2013. Maximizing root/rhizosphere efficiency to improve crop productivity and nutrient use efficiency in intensive agriculture of China. Journal of Experimental Botany, 64 (5): 1181 - 1192.

Siczek A, Lipiec J, 2011. Soybean nodulation and nitrogen fixation in response to soil compaction and surface straw mulching. Soil and Tillage Research, 114 (1): 50 - 56.

Siegel B Z, 1993. Plant peroxidases - an organismic perspective. Plant Grow Regul, 12: 303 - 312.

Skaggs T H, Trout T J, Rothfuss Y, 2010. Drip irrigation water distribution patterns: effects of emitter rate, pulsing, and antecedent water. Soil Science Society of America Journal, 74 (6): 1886 - 1896.

Soane B D, Van Ouwerkerk C, 2013. Effects of compaction on soil aeration properties. Soil Compact Crop Prod, 11: 167.

Sparling G P, 1995. The substrate - induced respiration. Methods in apllied soil microbiology and biochemistry. London: Academic Press.

Speir T W, Ross D J, 1978. Soil phosphatase and sulphatase, soil enzymes. New York: Academic Press.

Spohn M, Kuzyakov Y, 2014. Spatial and temporal dynamics of hotspots of enzyme activity in soil as affected by living and dead roots - a soil zymography analysis. Plant and Soil, 379 (1): 67 - 77.

Sun Y, Yan F, Liu F, 2013. Drying/rewetting cycles of the soil under alternate partial root - zone drying irrigation reduce carbon and nitrogen retention in the soil - plant systems of potato. Agricultural Water Management, 128 (10): 85 - 91.

Tabatabai M A, DickW A, 2002. Enzymes in the environment: activity, ecology and applications. New York: Dekker.

Taylor A E, Zeglin L H, Dooley S, et al. , 2010. Evidence for different contributions of archaeaand bacteria to the ammonia - oxidizing potential of diverse Oregon soils. Applied and Environmental Microbiology, 76: 7691 - 7698.

Thompson T L, Doerge T A, Godin R E, 2000. Nitrogen and water interactions in subsurface drip - irrigated cauliflower I. Plant response. Soil Science Society of America Journal, 64 (1): 406 - 411.

Tiwari M B, Tiwari B K, Mishra R R, 1989. Enzyme activity and carbon dioxide evolution from upland and wetland rice soils under three agricultural practices in hilly regions. Biology and Fertility of Soils, 7 (4): 359 - 364.

Topak R, Acar B, Uyanö Z R, et al. , 2016. Performance of partial root - zone drip irrigation for sugar beet production in a semi - arid area. Agricultural Water Management, 176: 180 - 190.

Troy S M, Lawlor P G, OFlynn C J, et al. , 2013. Impact of biochar addition to soil on greenhouse gas emissions following pig manure application. Soil Biology and Biochemistry, 60: 173 - 181.

Usman A R A, Al - Wabel M I, Abdulaziz A L H, et al. , 2016. Conocarpus biochar induces changes in soil nutrient availability and tomato growth under saline irrigation. Pedosphere, 26 (1): 27 - 38.

Varel V H, 1997. Use of urease inhibitors to control nitrogen loss from livestock waste. Bioresource Technology, 62 (1): 11 - 17.

Vestal J R, White D C, 1989. Lipid analysis in microbial ecology: quantitative approaches to the study of microbial communities. Bioscience, 39 (8): 535 - 541.

Waddell H A, Simpson R J, Ryan M H, et al. , 2016. Root morphology and its contribution to a large root system for phosphorus uptake by *Rytidosperma* species (*Wallaby grass*). Plant and Soil: 1 - 13.

Waisel Y, Eshel A, Kafkafi U, 2003. Plant Root. NewYork: Marcel Dekker Press.

Wallenstein M D, Haddix M L, Lee D D, et al. , 2012. A litter - slurry technique elucidates the key role of enzyme production and microbial dynamics in temperature sensitivity of organic matter decomposition. Soil Biology and Biochemistry, 47 (2): 18 - 26.

Wang D, Shannon M C, Grieve C M, et al. , 2000. Soil water and temperature regimes in drip and sprinkler irrigation, and implications to soybean emergence. Agricultural Water Management, 43: 15 - 28.

Wang D, Kang Y, Wan S, 2007. Effect of soil matric potential on tomato yield and water use under drip irrigation condition. Agricultural Water Management, 87 (2): 180 - 186.

Wang F X, Kang Y, Liu S P, 2006. Effects of drip irrigation frequency on soil wetting pattern and potato growth in North China Plain. Agricultural Water Management, 79 (3): 248 - 264.

Wang G, Liang Y, Zhang Q, et al. , 2016. Mitigated CH_4 and N_2O emissions and improved irrigation water use efficiency in winter wheat field with surface drip irrigation in the North China Plain. Agricultural Water Management, 163: 403 - 407.

Wang J, Kang S, Li F, et al. , 2008. Effects of alternate partial root - zone irrigation on soil microorganism and maize growth. Plant and Soil, 302 (1 - 2): 45 - 52.

Wang Y, Zhang Y, 2012. Soil inorganic phosphorus fractionation and availability under greenhouse subsurface irrigation. Communications in Soil Science and Plant Analysis, 43 (3): 519 - 532.

Wang Z, Kang S, Jensen C R, et al. , 2012a. Alternate partial root - zone irrigation reduces bundle - sheath cell leakage to CO_2 and enhances photosynthetic capacity in maize leaves. Journal of Experimental Botany, 63 (3): 1145 - 1153.

Wang Z, Liu F, Kang S, et al. , 2012b. Alternate partial root - zone drying irrigation improves nitrogen nutrition in maize (*Zea mays* L.) leaves. Environmental and Experimental Botany, 75: 36 - 40.

Watanabe M, Ohta Y, Licang S, et al. , 2015. Profiling contents of water - soluble metabolites and mineral nutrients to evaluate the effects of pesticides and organic and chemical fertilizers on tomato fruit quality. Food Chemistry, 169: 387 - 395.

Williams M A, Rice C W, 2007. Seven years of enhanced water availability influences the physiological, structural, and functional attributes of a soil microbial community. Applied Soil Ecology, 35 (3): 535 - 545.

Wu J, Brookes P C, 2005. The proportional mineralisation of microbial biomass and organic matter caused by air - drying and rewetting of a grassland soil. Soil Biology and Biochemistry, 37 (3): 507 - 515.

Wrage N, Velthof G L, Van Beusichem M L, et al. , 2001. Role of nitrifier denitrification in the production of nitrous oxide. Soil Biology and Biochemistry, 33 (12): 1723 - 1732.

Xiang S R, Allen D, Patriciaa H, et al. , 2008. Drying and rewetting effects on C and N mineralization and microbial activity in surface and subsurface California grassland soils. Soil Biology and Biochemistry, 40 (9): 2281 - 2289.

Xie Z K, Wang Y J, Li F M, 2005. Effect of plastic mulching on soil water use and spring wheat yield in arid region of northwest China. Agricultural Water

Management，75（1）：71-83.

Yakovchenko V I, Sikora L J, Rauffman D D, 1996. A biologicallybased indicator of soil quality. Biology and Fertility of Soils，21：245-251.

Yang L, Qu H, Zhang Y, et al. , 2012. Effects of partial root-zone irrigation on physiology, fruit yield and quality and water use efficiency of tomato under different calcium levels. Agricultural Water Management，104：89-94.

Zelles L, 1999. Fatty acid patterns of phospholipids and lipopolysaccharides in the characterisation of microbial communities in soil: a review. Biology and Fertility of Soils，29（2）：111-129.

Zhang D, Zhang C, Tang X, et al. , 2016. Increased soil phosphorus availability induced by faba bean root exudation stimulates root growth and phosphorus uptake in neighbouring maize. New Phytologist，209（2）：823-831.

Zhang H X, Chi D C, Wang Q, et al. , 2011. Yield and quality response of cucumber to irrigation and nitrogen fertilization under subsurface drip irrigation in solar greenhouse. Agricultural Sciences in China，10（6）：921-930.

Zhang Q, Wu S, Chen C, et al. , 2014a. Regulation of nitrogen forms on growth of eggplant under partial root-zone irrigation. Agricultural Water Management，142：56-65.

Zhang Z, Hu H, Tian F, et al. , 2014b. Soil salt distribution under mulched drip irrigation in an arid area of Northwestern China. Journal of Arid Environments，104（4）：23-33.

Zhao H, Xiong Y C, Li F M, et al. , 2012. Plastic film mulch for half growing-season maximized WUE and yield of potato via moisture-temperature improvement in a semi-arid agroecosystem. Agricultural Water Management，104：68-78.

Zhao X L, Cheng H T, Lv G H, et al. , 2006. Advance in soil microbial biomass. Journal of Meteorology and Environment，22（4）：68-72.

Zhao Z C, Yang X H, Li Q M, et al. , 2014. Effects of different drip irrigation methods under plastic film on physiological characteristics and water use efficiency of protected cucumber. Acta Ecologica Sinica，34（22）：6597-6605.

Zheng H, Ouyang Z Y, Fang Z G, et al. , 2004. Application of BIOLOG to study on soil microbial community functional diversity. Acta Pedologica Sinica，41（3）：456-461.

参 考 文 献

Zhou L M, Jin S L, Liu C A, et al. , 2012. Ridge‐furrow and plastic‐mulching tillage enhances maize‐soil interactions: opportunities and challenges in a semiarid agroecosystem. Field Crops Research, 126: 181‐188.

Zhou L M, Li F M, Jin S L, et al. , 2009. How two ridges and the furrow mulched with plastic film affect soil water, soiltemperature and yield of maize on the semiarid Loess Plateau of China. Field Crops Research, 113 (1): 41‐47.

Zhou XG, Gao DM, Liu J, et al. , 2014. Changes in rhizospheresoil microbial communities in a continuouslymonocropped cucumber (*Cucumis sativus* L.) system. European Journal of Soil Biology, 60: 1‐8.

Zornoza R C, Cuerrero J, Mataix‐Solera V, et al. , 2007. Asses‐sing the effects of ari‐drying and rewetting pre‐treatment on soil microbial biomass, basal respiration, metabolic quotient and soluble carbon under Mediterranean conditions. European Journal of Soil Biology, 43: 120‐129.

Zotarelli L, Dukes M D, Scholberg J M, et al. , 2008. Nitrogen and water use efficiency of zucchini squash for a plastic mulch bed system on a sandy soil. Scientia Horticulturae, 116 (1): 8‐16.

Zotarelli L, Scholberg J M, Dukes M D, et al. , 2009. Tomato yield, biomass accumulation, root distribution and irrigation water use efficiency on a sandy soil, as affected by nitrogen rate and irrigation scheduling. Agricultural Water Management, 96 (1): 23‐34.

Zou X, Li Y, Li K, et al. , 2015. Greenhouse gas emissions from agricultural irrigation in China. Mitigation and Adaptation Strategies for Global Change, 20 (2): 295‐315.

图书在版编目（CIP）数据

覆膜滴灌下设施土壤与作物生长调控／王京伟著
．—北京：中国农业出版社，2023.6
ISBN 978 - 7 - 109 - 27525 - 6

Ⅰ.①覆⋯　Ⅱ.①王⋯　Ⅲ.①地膜覆盖栽培－滴灌－
研究　Ⅳ.①S275.6

中国版本图书馆 CIP 数据核字（2020）第 208814 号

中国农业出版社出版
地址：北京市朝阳区麦子店街 18 号楼
邮编：100125
责任编辑：魏兆猛　史佳丽
版式设计：杜　然　　责任校对：吴丽婷
印刷：中农印务有限公司
版次：2023 年 6 月第 1 版
印次：2023 年 6 月北京第 1 次印刷
发行：新华书店北京发行所
开本：880mm×1230mm　1/32
印张：6.75
字数：205 千字
定价：50.00 元